CAMB

Rotkang Julius Bako

CAMBIAMENTI NELL'USO DEL SUOLO

CAMBIAMENTI NELL'USO DEL SUOLO NELLA CITTÀ DI BUKURU, L.G.A. DI JOS-SUD DELLO STATO DI PLATEAU DAL 1992 AL 2015

ScienciaScripts

Cover image: www.ingimage.com

This book is a translation from the original published under ISBN 978-620-8-01172-7.

Publisher:
Sciencia Scripts
is a trademark of
Dodo Books Indian Ocean Ltd. and OmniScriptum S.R.L publishing group

120 High Road, East Finchley, London, N2 9ED, United Kingdom
Str. Armeneasca 28/1, office 1, Chisinau MD-2012, Republic of Moldova, Europe

ISBN: 978-620-8-32590-9

CERTIFICAZIONE

Certifico che questo progetto è stato realizzato da BAKO ROTKANG JULIUS del Dipartimento di Geografia e Pianificazione della Facoltà di Scienze Ambientali dell'Università di Jos sotto la mia supervisione.

_____   _____

MR I. S. LAKA   Data

Supervisore del progetto

_____   _____

PROF. E. A. OLOWOLAFE   Data

Capo dipartimento,

Geografia e pianificazione.

_____   _____

Esaminatore esterno   Data

DEDICA

Dedico questo lavoro a Dio Onnipotente per i suoi doni indicibili, la grazia, le misericordie e la forza che mi ha dato durante tutto il percorso; anche alla mia famiglia e ai miei amici per l'incoraggiamento e il sostegno finanziario al successo di questo lavoro.

RICONOSCIMENTO

La mia profonda gratitudine va a Dio Onnipotente per le sue infinite disposizioni, la sua protezione, la sua grazia e la sua forza divina durante le difficoltà, le lotte e i traumi superati per intraprendere questo lavoro.

Questo lavoro non sarebbe stato un successo senza il contributo della mia amata famiglia: MR. e MRS. BAKO, il signor EMMANUEL, CHARLES, CINDERELLA, la signora LILLIAN, MARTHA e il più grande e prezioso BAKO del mondo, che mi hanno sempre sostenuto finanziariamente e in ogni modo per il successo del mio lavoro di ricerca.

Il mio più sincero apprezzamento va ai miei supervisori nelle persone di: I. S. LAKA e ELIJAH AKINTUNDE, per i loro instancabili sforzi, per la loro guida tempestiva, per aver fatto in modo che l'obiettivo di intraprendere questo lavoro di ricerca non venisse abbandonato o gettato in pasto ai cani, fino alla fine. Che Dio vi benedica tutti e vi porti più in alto di dove siete ora.

A Quickbird.org per la fornitura di immagini satellitari a supporto di questa ricerca, senza le quali sarebbe stato difficile realizzarla.

A tutte le fonti utilizzate per il progresso di questo lavoro, grazie.

Riconosco anche il gentile sostegno dei miei amici Kopdy Ayuba, Sho Godiya (show boy), Dung Joel Luka (El-joe), Daniel Agada (Ogbex), solo per citarne alcuni, e di altre persone che hanno sempre chiesto informazioni sui progressi del mio lavoro di ricerca. Che Dio vi benedica tutti, AMEN!!!

ABSTRACT

Questa ricerca analizza le immagini satellitari Quick bird della città di Bukuru, Jos-South L.G.A dello Stato di Plateau, nella Nigeria centrale, per il 2013 e la mappa digitale georeferenziata dell'uso del suolo della città di Bukuru per il 1992. Le immagini satellitari del 1992 e del 2013, insieme ai questionari, sono state utilizzate per esaminare il tasso spaziale e le percentuali dei cambiamenti nell'uso del suolo nella città di Bukuru, Jos-South L.G.A; utilizzando tecniche di telerilevamento e GIS. Le immagini satellitari del 2013 e le attività di uso del suolo della località (al 2015 osservate sul campo) sono state utilizzate per esaminare i cambiamenti di uso del suolo. Alla fine di questa ricerca, sono state prodotte mappe dell'uso del suolo e del cambiamento di uso del suolo per il 2015. I tassi e le percentuali dei cambiamenti di uso del suolo dell'area all'interno della stessa estensione spaziale per il 1992 e il 2015 sono stati analizzati anche per gli usi futuri. I risultati hanno prodotto un cambiamento dello 0,21% in un periodo di studio di 23 anni, con una copertura di 2.835,9 metri quadrati di usi del suolo come tasso di cambiamento annuo nelle epoche (1992-2015). I fattori evidenti responsabili del cambiamento in base alla priorità delle risposte sono: - Alta richiesta di categoria d'uso, cambiamento dello status della città di Bukuru, disponibilità di strutture come strade, acqua ed elettricità e cambiamento della politica governativa in materia di uso del suolo/territorio, ecc.

INDICE DEI CONTENUTI

CAPITOLO PRIMO
INTRODUZIONE

1.1 CONTESTO DELLO STUDIO

La terra come entità è vista da diverse prospettive e definita di conseguenza. Il dizionario inglese (2001) definisce la terra come "la materia solida che costituisce la parte fissa della superficie terrestre" (il globo). La terra può anche essere vista come un bene di consumo o una materia prima in un particolare sito, in altre parole è la totalità delle caratteristiche naturali che includono: - tipi di suolo, geologia, clima, idrologia (fiumi, torrenti), montagne, colline, burroni, valli ecc. La terra ha diverse caratteristiche, tra cui quella di essere una risorsa naturale come l'aria, l'acqua e altri gas, che di solito hanno una grande importanza positiva per il benessere dell'uomo.

La terra può essere considerata su due piani. In primo luogo, alla scala territoriale, che coinvolge grandi superfici, dove esiste una forte disposizione a pensare alla terra in termini di resa delle materie prime necessarie per sostenere le persone e le loro attività. In questo piano, la "terra" è una "risorsa" e l'uso della terra significa "uso delle risorse" o "uso delle risorse" (Vitez, 2009). In secondo luogo, a livello urbano, dove l'enfasi è posta sulle potenzialità degli usi e delle attività della terra impiegati dall'uomo sulla superficie terrestre, invece di caratterizzare la terra in termini di potenzialità produttive del suolo e dei contenuti minerali del sottosuolo. Nel contesto delle risorse, i terreni sono classificati in categorie quali l'estrazione mineraria, l'agricoltura, il pascolo e la silvicoltura, mentre nel contesto delle aree urbane, i terreni sono classificati in categorie quali: - l'estrazione, la lavorazione, la distribuzione/servizi, l'alloggio, la ricreazione, il trasporto e altre attività di una società urbana. Le misurazioni sono effettuate in ettari di superficie o in metri quadrati di superficie (Vitez, 2009).

L'aspetto fisico di un'area indica il risultato di fattori naturali, socio-economici e di altre attività dell'uomo nel tempo e nello spazio, tra cui: - l'estrazione, la lavorazione, la distribuzione/servizi, l'abitazione, la ricreazione, il trasporto, l'industrializzazione e la commercializzazione, causando così alla maggior parte delle aree metropolitane i crescenti problemi di urbanizzazione (cambiamenti nell'uso del suolo, forte esplosione demografica), espansione urbana, perdita di vegetazione naturale e di spazi aperti (Nuhu, 2012). La terra è una risorsa naturale limitata e non rinnovabile, che supporta i bisogni fondamentali per la sopravvivenza umana, tra cui cibo, energia e acqua. La terra è necessaria per vari usi in qualsiasi società. La terra è un importante fattore di produzione e un elemento vitale nello sviluppo socio-economico, nella pianificazione e nel processo decisionale positivo di qualsiasi Paese o società (FMH e UD, 2006). Da tempo i pianificatori e i responsabili delle politiche classificano abilmente i terreni in base ai vari usi, il che è servito come base di dati per una pianificazione e un'attuazione efficaci (Narain; Koroluk, 1999). Pertanto, la terra acquisita dall'uomo viene destinata a usi diversi, determinati dal tipo di terreno o dalla scelta del proprietario, e questo viene definito "uso della terra" (Nuhu, 2012).

Tuttavia, il paesaggio di qualsiasi luogo in cui l'uomo svolge determinate attività o usi del suolo come: insediamenti, agricoltura, industrie, commercializzazione, trasporti e istituzioni, è in effetti in un processo di rapida e radicale trasformazione, che rende il modello di uso del suolo non statico, per cui si osserva un grande grado di cambiamenti negli usi del suolo nel corso del tempo (Drake e Vafeidis, 2004). L'uso che viene fatto di un terreno può cambiare nel tempo; quindi, una caratteristica saliente del cambiamento dell'uso del suolo è il graduale trasferimento da uno all'altro della distribuzione spaziale delle attività sul territorio (Nuhu, 2012).

I cambiamenti nell'uso del suolo risalgono all'epoca preistorica: la superficie della terra in diverse parti, come Spagna, Thailandia, Cina e Nigeria, è stata alterata più volte e sono conseguenza diretta e indiretta delle azioni dell'uomo per assicurarsi le risorse essenziali: Spagna, Thailandia, Cina e anche Nigeria, sono stati alterati più volte e sono conseguenza diretta e indiretta delle azioni dell'uomo per assicurarsi le risorse essenziali; a partire dalla preistoria l'uomo ha gradualmente eliminato le foreste (deforestazione) dalla superficie della terra per il proprio miglioramento, sostituendole con attività quali: pascoli in altura e pascoli seminativi in pianura, che poi si sono trasformati in insediamenti rurali e urbani con diverse pratiche agricole: - insediamenti rurali e urbani con pratiche agricole diverse. Oggi, la crescita urbana è un fenomeno globale e uno dei più importanti processi di riforma che interessano l'ambiente naturale e umano attraverso numerose attività ecologiche e socio-economiche (Mandelas, et al, 2007). Più recentemente, l'industrializzazione ha favorito la concentrazione della popolazione umana nelle aree urbane (urbanizzazione) e lo spopolamento delle aree rurali, accompagnato dall'intensificazione dell'agricoltura nelle terre più produttive e dall'abbandono di quelle marginali. Tutte queste cause e le loro conseguenze sono osservabili contemporaneamente in tutto il mondo (Enciclopedia della Terra, 2010).

Attualmente, le comunità di tutto il mondo hanno bisogno di dati territoriali per compensare e adattarsi all'attuale crescita urbana, pianificando al contempo i cambiamenti futuri previsti e i loro impatti sulle infrastrutture e sull'ambiente circostante, che devono essere rilevati al momento opportuno (mirati o previsti). I rapidi cambiamenti urbani e il tasso di urbanizzazione sono oggi al centro delle dispute politiche locali (Goetz et al., 2003). Pertanto, per comprendere l'evoluzione dei vari sistemi di uso del suolo, dell'urbanizzazione e delle controversie politiche, è necessario analizzare i drastici cambiamenti nella destinazione d'uso di tutti i terreni a vari livelli (globale, continentale, urbano e rurale o locale), in modo da esplorare la portata dei modelli di cambiamento presenti e futuri (Goetz et al., 2003). La città di Bukuru è la seconda città più grande dello Stato di Plateau. Bukuru non è stata esclusa dalle sfide dell'urbanizzazione, della crescita e dello sviluppo urbano, che necessitano di dati spaziali (database) per essere gestiti, pianificati e migliorati.

Le immagini telerilevate forniscono mezzi efficienti per analizzare, ottenere e comprendere informazioni sulle tendenze temporali, sulla distribuzione spaziale dei fenomeni e sui cambiamenti degli oggetti situati nelle aree urbane. Le attività antropiche hanno alterato in modo significativo le attività e gli usi a cui la terra è destinata e quindi, in una certa misura, la presenza dell'uomo sulla terra e il suo continuo utilizzo della terra in modi diversi sta avendo profondi effetti sull'ambiente naturale, dando luogo a un modello osservabile nel cambiamento dell'uso del suolo nel tempo (Elvidge, at al., 2004).

Pertanto, le informazioni sui cambiamenti nell'uso del suolo e sulle possibilità di utilizzarlo in modo ottimale sono essenziali per la selezione, la pianificazione e l'implementazione di schemi di utilizzo del suolo per soddisfare la crescente domanda di bisogni umani di base e di benessere. Queste informazioni sono utili anche per monitorare le dinamiche dell'uso del suolo, in seguito al cambiamento della domanda in base all'aumento della popolazione. Il cambiamento dell'uso del suolo è diventato una componente centrale delle attuali strategie di gestione delle risorse naturali e di monitoraggio dei cambiamenti ambientali (Jensen, 2005). L'avanzamento del concetto di mappatura della vegetazione ha incrementato notevolmente la ricerca sui cambiamenti di uso del suolo, fornendo così una valutazione accurata della diffusione e dello stato di salute delle risorse forestali, erbose e agricole del mondo, che è diventata una priorità importante. Osservare la terra dallo spazio è oggi fondamentale per comprendere l'influenza delle attività dell'uomo sulle sue risorse naturali nel tempo (Jensen, 2005). Pertanto, i dati spaziali sull'uso del suolo, i metodi e gli strumenti di analisi spaziale sono essenziali nella ricerca dei cambiamenti nell'uso del suolo nella città di Bukuru, Jos-South L.G.A dello Stato di Plateau, in un periodo di 23 anni, dal 1992 al 2015.

1.2 ESPOSIZIONE DEL PROBLEMA

I cambiamenti nell'uso del suolo stanno avvenendo rapidamente soprattutto nelle aree ad alta densità di popolazione, come le capitali di tutti gli Stati della Nigeria e la città di Bukuru nel L.G.A. Jos-South dello Stato di Plateau. Il Plateau è stato testimone di un crescente consumo di suolo, di alterazioni, di notevoli espansioni, di crescita e di attività di sviluppo, tra cui: - edifici, costruzione di strade, deforestazione e molte altre attività antropiche in un arco di tempo ragionevole. La necessità di questa ricerca nasce quindi per creare o fornire dati di base per il processo decisionale, la pianificazione e l'implementazione dell'uso del suolo sull'altopiano di Jos, con l'obiettivo di un uso sostenibile delle risorse e di uno sviluppo sostenibile.

Di conseguenza, questa ricerca affronterà le seguenti questioni

- Qual è la copertura spaziale dei diversi tipi di uso del suolo presenti nell'area di studio?

- Ci sono stati cambiamenti significativi nella copertura spaziale degli usi del suolo nel corso degli anni di studio?

- Quali sono i tassi di cambiamento dell'uso del suolo per ogni tipo di uso tra gli anni di studio?

8

1.3 FINALITÀ E OBIETTIVI DELLO STUDIO

Lo scopo di questo studio è quello di produrre una mappa dei cambiamenti d'uso del suolo della città di Bukuru, nella L.G.A. di Jos-Sud, tra i diversi anni del periodo 1992-2015, al fine di rilevare il grado di cambiamenti d'uso del suolo che hanno avuto luogo.

Gli obiettivi dello studio, che si basano sulla finalità, sono: -

1. Identificare i vari tipi di utilizzo nell'area di studio per ogni anno di studio.

2. Misurare i tassi di variazione dell'uso del suolo e la copertura dell'area di ciascun uso da un anno all'altro.

3. Generare una mappa dei cambiamenti nell'uso del suolo della città di Bukuru, nella L.G.A. Jos-South, tra le epoche.

1.4 IPOTESI DI STUDIO

H_O ; - Non ci sono attività di crescita e sviluppo degne di nota, come edifici, costruzione di strade, deforestazione e molte altre attività antropiche in un arco di tempo ragionevole, all'interno della città di Bukuru, Jos-South L.G.A.

H_A ;- C'è una notevole crescita e attività di sviluppo come edifici, costruzione di strade, deforestazione e molte altre attività antropiche in un ragionevole lasso di tempo, all'interno della città di Bukuru, Jos-South L.G.A.

1.5 SIGNIFICATO DELLO STUDIO E RISULTATI ATTESI

Nella maggior parte dei Paesi in via di sviluppo, in particolare in Nigeria, manca la disponibilità di informazioni rilevanti e aggiornate sull'ambiente e sui suoi cambiamenti nel tempo (Ezeomedo, 2006). Questo problema (cambiamenti nell'uso del suolo) ha quindi influito sul raggiungimento del rilevamento dei cambiamenti che avrebbe dovuto favorire lo sviluppo sostenibile. Per questo motivo, c'è bisogno di informazioni accurate e tempestive, necessarie per il monitoraggio ambientale, la pianificazione, l'attuazione delle politiche e le previsioni. Sebbene siano stati fatti diversi lavori in un sistema convenzionale per produrre alcune informazioni sui cambiamenti nell'uso del suolo in alcune città della Nigeria, non sono stati fatti molti studi a livello locale, specialmente sulla città di Bukuru a Jos-South L.G.A. Pertanto questo studio servirebbe come database significativo per una corretta gestione del territorio, dei suoi usi e degli sviluppi futuri previsti.

1.6 AMBITO DI APPLICAZIONE E LIMITAZIONI

Questa ricerca è limitata solo a un ambito spaziale, con estensione spaziale di: (Long 4° 30^I 43.532^{II} E, Lat 0° 0^I 3.184^{II} N, Long 4° 32^I 21.783^{II} E, Lat 0° 0^I 7.19^{II} N, Long 4° 32^I 19.885^{II} E, Lat 0° 1^I 6.074^{II} S, Long 4° 30^I 42.532 E, Lat 0 1 2.049 S, utilizzando un'immagine satellitare quick-bird e una mappa generata da una mappa di .532^{II} E, Lat 0° 1^I 2.049^{II} S, utilizzando un'immagine satellitare

9

quick-bird e una mappa generata da foto aeree della città di Bukuru. Pertanto, questa ricerca sarà anche limitata, considerando un ambito temporale compreso tra gli anni 1992-2015, sulla base della mappa generata da Laka, (1994), che funge da mappa di base e di un'immagine satellitare quick-bird per il 2013 con la stessa estensione spaziale di cui sopra; tuttavia, l'ambito topico di questa ricerca sarà limitato solo ai cambiamenti nell'uso del suolo nella città di Bukuru, nell'area di governo locale di Jos-South dello Stato di Plateau (all'interno dell'ambito spaziale e temporale), in modo da non divagare dall'argomento in questione.

1.7 AREA DI STUDIO

MAPPA DELLA NIGERIA, CHE MOSTRA LO STATO DI PLATEAU
FONTE: BAKO, R. J. 2014

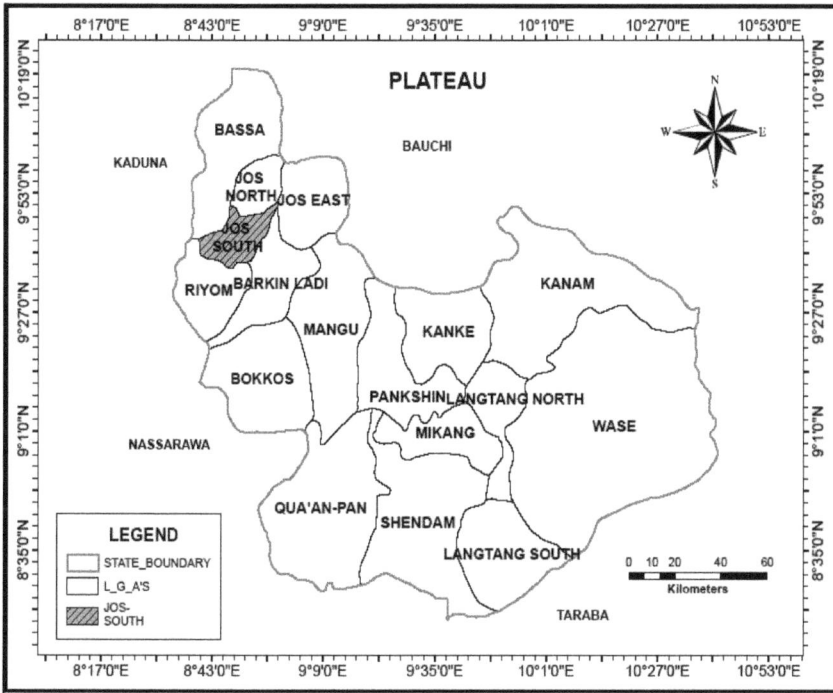

MAPPA DELLO STATO DELL'ALTOPIANO, CON INDICAZIONE DI JOS-SUD

FONTE: BAKO, R. J. 2014

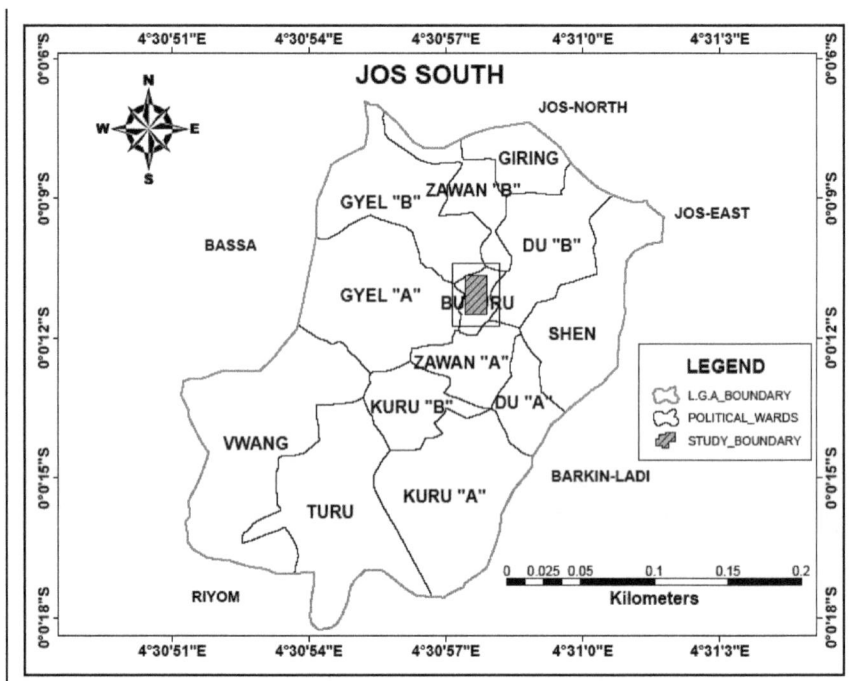

MAPPA DELLA L.G.A. DI JOS-SUD, CON LA CITTÀ DI BUKURU
FONTE: BAKO, R. J. 2014

In passato, la città di Bukuru, nell'Area di Governo Locale Jos-South dello Stato di Plateau, era considerata una città satellite separata da Jos, ma come ogni altra forma di rapido sviluppo oggi, Jos si è fusa con Bukuru per formare l'area urbana (metropoli) Jos-Bukuru. Attualmente Bukuru è la sede dell'area di governo locale di Jos-South, sviluppatasi come città mineraria satellite di Jos, la capitale dello Stato di Plateau. Bukuru si è sviluppata nel corso degli anni come sede amministrativa dell'allora Amalgamated Tin Mines of Nigeria (ATMN), ora Consolidated Tin Mines of Nigeria (CTMN), della Nigerian Electricity Supply Company (NESCO) e, recentemente, come sede amministrativa della neonata Jos-South Local Government Area. La presenza di aziende come CTMN, Minefield, Grand cereals and oil mills e di altre piccole industrie ha assorbito adeguatamente l'attuale forza lavoro della città di Bukuru. Altri abitanti risiedono nella città e lavorano a Jos, Vom e Barkin-Ladi per la loro vicinanza e accessibilità o perché svolgono attività commerciali all'interno della città.

1.7.1 Posizione e clima

L'area di studio, la città di Bukuru nella L.G.A. Jos-South dello Stato di Plateau, si trova alla latitudine $09^0 48^1$ N e $08^0 52^1$ E / $9,800^0$ N e $8,867^0$ E in Nigeria, con una copertura territoriale di circa $5.104km^2$ / 1.971mq, la città di Bukuru possiede anche una temperatura massima media annua di 16^0 c e una stagione delle piogge distrettuale tra i 1400-1500mm. (Wikipedia, 2014).

1.7.2 Topografia e geologia

Dal punto di vista geologico, la sequenza generale dell'altopiano di Jos è costituita da rocce plutoniche; l'area di studio (Bukuru) è costituita da rocce precambriane e cambriane e da graniti più antichi che sono stati erosi per esporre il granito più giovane. La città di Bukuru è inoltre situata su una delle parti più alte dell'altopiano, a 1.200 metri sul livello medio del mare, lungo una diramazione ferroviaria, ed è ancora un importante centro di estrazione di stagno e columbite. Il terreno è generalmente povero e rientra nei tipi ferrallici, contenenti pietre o ghiaie di ferro.

1.7.3 Rilievo e drenaggio

La città di Bukuru ha una superficie relativamente pianeggiante perché è situata in una delle zone più alte dell'Altopiano, a 1.200 metri sul livello medio del mare. La natura pianeggiante della città di Bukuru le conferisce anche una caratteristica distintiva: possiede un modello di drenaggio radiale, cioè l'acqua scorre dal centro della città verso l'esterno.

1.7.4 Attività socioeconomiche

Urbanizzazione; negli ultimi tempi, Bukuru ha assistito a una massiccia crescita dell'urbanizzazione con l'afflusso di banche, hotel e centri ricreativi. È anche sede di una delle industrie più successive della Nigeria, la Grand Cereals and Oil Mills, una filiale della United African Company (UAC).

Popolazione; la città di Bukuru ha una popolazione di circa 372 persone per chilometro quadrato, risultato del rapido tasso di urbanizzazione, commercializzazione e industrializzazione. Pertanto, Bukuru ha una popolazione di circa 36.305 persone [stima 2008 (Wikipedia, 2014)].

Trasporti; la ferrovia leggera di Bauchi di 762 mm (2ft 6 inches), chiusa nel 1967, era stata costruita nel 1914 per trasportare lo stagno da Bukuru a Zaria (120 miglia [190 km] a nord-ovest) e collegata alla linea per Lagos. L'attuale ramo ferroviario di 1.067 mm (3 piedi e 6 pollici) che collega Port-Harcourt (370 miglia [595 km] a sud-sud-ovest) alle miniere di Jos e Bukuru fu completato nel 1927. I minerali vengono ancora inviati

a Jos per la fusione e poi a Port-Harcourt per l'esportazione. Bukuru è anche associata alle miniere a cielo aperto, che sono depositi sfruttabili di caolino.

Le pratiche agricole in quest'area sono essenzialmente quelle di Jos, con la crescita di mais, sorgo, miglio e arca come colture principali che vengono solitamente piantate durante le stagioni delle piogge. Dopo le piogge, si ricorre a metodi di irrigazione per la coltivazione di ortaggi quali: -Carote, cavoli, pomodori e talvolta patate irlandesi; gli abitanti allevano piccoli animali e bovini e alcuni praticano un allevamento di pollame modernizzato.

Religione; Il Theological College of Northern Nigeria (TCNN) si trova a Bukuru, dove ha sede l'African Christian Textbooks (ACTS).

CAPITOLO SECONDO
ANALISI DELLA LETTERATURA

2.1 INTRODUZIONE

La terra è il palcoscenico su cui si svolgono tutte le attività umane e la fonte dei materiali necessari a tali attività. L'uso umano delle risorse del suolo dà origine all'"uso del suolo", che varia a seconda degli scopi per cui viene utilizzato, siano essi la produzione di cibo, la fornitura di un riparo, la ricreazione, l'estrazione e la lavorazione dei materiali, nonché le caratteristiche biofisiche del suolo stesso (Braissoulis, 2013). Pertanto, l'uso del territorio viene plasmato sotto l'influenza di due ampie serie di forze:

- Bisogni umani
- Caratteristiche e processi ambientali.

In questa stessa ottica, nessuna di queste forze rimane ferma; sono in un costante stato di flusso, poiché il cambiamento è normale nella vita. I cambiamenti negli usi del territorio che si verificano a vari livelli spaziali e in vari periodi di tempo sono l'espressione materiale, tra l'altro, delle dinamiche ambientali e umane e delle loro interazioni mediate dal territorio (Braissoulis, 2013). Questi cambiamenti sono a volte benefici e altre volte hanno impatti ed effetti dannosi sulle vite e sulle proprietà; questi ultimi sono le principali cause di preoccupazione in quanto incidono in vario modo sul benessere e sul welfare umano.

2.2 CONCETTO DI TERRITORIO
TERRENO:

Web finance dictionary, (2014) si riferisce alla terra in generale come input primario e fattore di produzione che non viene consumato ma senza il quale non è possibile alcuna produzione. Alla luce di ciò, la terra è una risorsa che non ha costi di produzione e anche se il suo utilizzo può essere cambiato da uno meno redditizio a uno più redditizio, quindi, il termine "terra" include tutti gli elementi fisici della ricchezza di una nazione donati dalla natura per includere: Clima, ambiente, campi, foreste, minerali, montagne, laghi, corsi d'acqua, mari e animali. La definizione di cui sopra cerca di spiegare in modo chiaro la terra come bene che include qualsiasi cosa di seguito elencata.

- Terreno: come edifici, coltivazioni, recinzioni, alberi, acqua, ecc.
- Sopra la terra: i diritti dell'aria e dello spazio.
- Sottoterra: diritti minerari, fino al centro della terra.

La FAO (2006) ha definito la terra come un'area delimitabile della superficie terrestre, che comprende tutti gli attributi della biosfera immediatamente al di sopra o al di sotto di questa superficie, compresi quelli del clima vicino alla superficie, le forme del suolo e del terreno, l'idrologia della superficie (compresi i laghi poco profondi, i fiumi, le paludi e gli acquitrini), gli strati sedimentari vicini alla superficie e la riserva di acqua sotterranea associata, le popolazioni vegetali e animali, il modello di insediamento umano e i risultati fisici delle attività umane passate e presenti (terrazzamenti, strutture di stoccaggio o di drenaggio dell'acqua, strade, edifici, ecc.). Eschborn (2011) ha anche definito il territorio come una risorsa o un bene scarso, sempre più influenzato dalla competizione tra usi reciprocamente esclusivi da parte dell'uomo. Pertanto, da queste definizioni, una semplice definizione operativa adottata per questo studio può essere dedotta come "L'aggregato solido della superficie terrestre, in cui le attività dell'uomo sono sostenute e svolte".

2.3 CONCETTO DI USO DEL SUOLO

In generale, alcuni concetti e definizioni sono necessari come base per la successiva discussione che riguarda la terra stessa, i tipi di uso della terra, le caratteristiche della terra, le qualità e i miglioramenti apportati alla terra. La percezione delle pratiche di uso del suolo varia notevolmente in tutto il mondo; (UNFAO, 2013) la Water Development Division spiega che "l'uso del suolo riguarda i prodotti e/o i benefici ottenuti dall'uso della terra, nonché le azioni (attività) di gestione della terra, svolte dall'uomo per produrre questi prodotti e benefici". Tuttavia, l'uso del suolo non è sempre direttamente osservabile. In base alle definizioni di cui sopra, l'uso del suolo comprende aspetti che vanno oltre la caratterizzazione della copertura biofisica del territorio. L'identificazione dell'uso del suolo "richiede interpretazioni socio-economiche delle attività che si svolgono" sulla superficie terrestre (Fisher et al, 2005: 86). L'uso del suolo può spesso essere dedotto dalla semplice osservazione della copertura del suolo, ma per identificare alcuni usi del suolo è necessario prendere in considerazione informazioni aggiuntive riguardanti le attività umane sul territorio o la presenza di elementi specifici nel paesaggio. Ottenere queste informazioni può spesso richiedere visite sul campo e interviste. Molti fattori determinano l'uso del suolo. Innanzitutto, i fattori biofisici favoriscono o limitano l'uso del territorio (clima, topografia, suolo, acqua). Anche il contesto culturale, le tradizioni locali, gli aspetti istituzionali e politici interferiscono (Cihlar e Jansen 2001; Jansen 2006) e, infine, le dinamiche demografiche ed economiche possono spingere la domanda di particolari servizi e beni che, a loro volta, influenzano il cambiamento di uso del suolo.

USO DEL TERRITORIO:

Una delle prime definizioni generali fornite dalla prima indagine sull'uso del suolo in Gran Bretagna nel 1931 implica semplicemente che l'uso del suolo è l'adattamento dell'uomo alla superficie terrestre (Robin 1981). Marioon (1965) definisce il termine "uso del suolo" come o specificamente alle attività dell'uomo sulla terra che sono direttamente collegate alla terra.

Tuner et al. (2000) hanno definito l'uso del suolo come il modo in cui vengono manipolati gli attributi biofisici del terreno, ossia "lo scopo per cui il terreno viene utilizzato". Molto recentemente, tuttavia, Ellis (2010), in accordo con le definizioni precedenti, considera gli usi del suolo come le attività dell'uomo sulla terra per lo scopo per cui la terra viene utilizzata. Ovvero, la modifica e la gestione del territorio per l'agricoltura, gli insediamenti, la silvicoltura e altri scopi moderni di utilizzo del territorio che coinvolgono l'uomo sulla terra, come ad esempio: - la designazione di riserve naturali per la conservazione, la ricreazione e il tempo libero. Esiste una forte predisposizione a pensare all'uso del territorio in termini di scopi funzionali (agricoli, residenziali, ricreativi, ecc.) rispetto alla semplice forma di copertura del suolo (coltivazioni, alberi, case, brughiere, ecc.), tuttavia il punto chiave è che le attività umane sono al centro di qualsiasi uso del territorio; se si accetta questa proposizione, in questo lavoro si utilizza una definizione operativa adottata da Robin (1981). Se si accetta questa proposta, in questo lavoro viene utilizzata una definizione di lavoro adottata da Robin (1981), che definisce l'uso del suolo come un semplice aspetto spaziale di tutte le attività dell'uomo sulla terra e il modo in cui la terra è adattata o potrebbe essere adattata per servire efficacemente gli esseri umani.

CAMBIAMENTI NELL'USO DEL SUOLO:

Nell'analisi dei cambiamenti d'uso del suolo, è necessario innanzitutto concettualizzare il significato di "cambiamento" per poterlo individuare nelle situazioni del mondo reale. Pertanto, i cambiamenti di uso del suolo possono essere definiti come "la conversione o la transizione delle attività dell'uomo sulla terra, da un sistema a un altro" (dizionario Encarta, 2014). In modo simile, il cambiamento d'uso del suolo può riguardare

- Conversione da un tipo di utilizzo ad un altro, cioè cambiamenti nella combinazione e nel modello di utilizzo.

  Uso del suolo in un'area, o

- Modifica di alcuni tipi di usi del suolo, ad esempio cambiamenti nell'intensità di tali usi e alterazioni di qualità/attributi, ad esempio passaggio da aree residenziali a basso reddito ad aree ad alto reddito (gli edifici rimangono fisicamente e quantitativamente inalterati).

2.3.1 Schema di classificazione dell'uso del suolo

Il dizionario inglese (2014) definisce la classificazione come l'atto di formare una classe o la distribuzione in gruppi di insiemi come: - classi, ordini e famiglie, in base ad alcune relazioni o attributi comuni posseduti dagli insiemi. Sokal (1974) ha definito lo schema di classificazione dell'uso del suolo come: "l'ordinamento e la disposizione degli oggetti in gruppi o insiemi sulla base delle loro relazioni". Pertanto, lo schema di classificazione dell'uso del suolo è una rappresentazione astratta della situazione sul campo che utilizza criteri diagnostici ben definiti. Herold et al. (2005) hanno affermato che gli schemi di classificazione dell'uso del suolo descrivono il quadro sistematico con il nome delle classi identificate sul campo e i criteri utilizzati per distinguerle con la relazione tra le classi, tuttavia la classificazione dell'uso del suolo richiede la definizione dei confini delle classi, che devono essere chiari, precisi e possibilmente quantitativi, basati su criteri oggettivi. Uno schema di classificazione dell'uso del suolo dovrebbe quindi essere:

- Indipendente dalla scala, nel senso che le classi dovrebbero essere applicabili a qualsiasi scala o livello di dettaglio;

- Indipendente dalle fonti, il che implica che è indipendente dai mezzi utilizzati per raccogliere le informazioni, sia che esse siano ottenute tramite immagini satellitari, fotografie aeree, indagini sul campo o utilizzando una combinazione di fonti, Herold et' al, (2005).

2.3.2 Sviluppo dello schema di classificazione dell'uso del suolo

Nello sviluppo di una classificazione dell'uso del suolo, esiste sempre il problema di decidere se i dati debbano essere raccolti da una fonte primaria o da una fonte secondaria; si deve trovare un compromesso tra la necessità di rappresentare accuratamente la grande varietà di usi, il requisito della semplicità e della praticabilità (Best e Capprock 1962). Laka, (1994) ha affermato che un certo numero di persone e organizzazioni hanno tentato di classificare gli usi del suolo su basi diverse, ma non esiste un criterio definito; le classificazioni vengono invece effettuate in base ai meriti di ogni studio.

Nel tentativo di migliorare questa situazione, l'United States Geological Survey (USGS) ha sviluppato un sistema standardizzato per la classificazione dei dati sull'uso del suolo utilizzando tecniche di telerilevamento e quindi (tabella 1); il sistema è stato sviluppato per rispondere ai seguenti criteri

- Il livello minimo di interpretazione nell'identificazione degli usi del suolo da dati telerilevati deve essere almeno dell'85%.

- L'accuratezza dell'interpretazione per le diverse categorie dovrebbe essere uguale.

- I risultati ripetibili o ripetitivi devono essere ottenuti da un interprete all'altro.

- La classificazione deve essere applicata su aree estese.

- Il sistema di classificazione deve essere adatto all'uso con dati rilevati a distanza ottenuti per due o più epoche diverse.

- Deve essere possibile l'aggregazione delle categorie.

- Deve essere possibile un confronto con i dati relativi agli usi futuri del suolo.

- L'uso multiplo del territorio deve essere riconosciuto quando possibile.

TABELLA 1: SCHEMA DI CLASSIFICAZIONE USGS.

LIVELLO 1	LIVELLO 2
Terreno urbano o edificato	Residenziale, commerciale, servizi, industriale, trasporti, comunicazioni, complessi industriali e commerciali, terreni misti urbani ed edificati, altri terreni urbani o edificati.
Terreno agricolo	Colture e pascoli frutteti, boschetti, vigneti ecc. alimentazione confinata, operazioni e altri terreni agricoli.
Raggruppamento di animali	Arbusti erbacei dei pascoli, cespugli di pascoli e pascoli misti.
Terreno forestale	Foreste decidue, foreste sempreverdi, foreste miste.
Acqua	Ruscelli e canali, laghi, bacini, baie ed estuari.
Zona umida	Zona umida boschiva, zona umida non boschiva.
Terra nuda	Saline secche, spiagge, aree sabbiose diverse dalle spiagge, rocce nude esposte, miniere a strisce, cave e cave di ghiaia, aree di transizione, terreni nudi misti.
Tundra	Tundra di arbusti e cespugli, tundra erbacea, tundra delle zone umide, tundra umida, tundra mista.
Ghiaccio di neve perenne	Ghiacciai a neve perenne.

Sulla base di questi criteri, l'USGS ha elaborato una classificazione a nove (9) livelli, illustrata nella tabella 1.

Essin (1980), nel suo studio sull'ambiente edificato nei Paesi in via di sviluppo, ha sviluppato una classificazione che, a suo dire, può essere costruita secondo vari principi: morfologico, genetico, temporale, spaziale, quantitativo, ecc. ma tutti devono seguire alcune leggi logiche generali inalterabili. Inoltre, suggerì che qualsiasi classificazione dovesse essere esclusiva e organizzata in divisioni e sottodivisioni logiche. Tabella 2

Koladade (1992), nella sua tesi sul tasso di perdita di terreni agricoli a favore di usi non agricoli, ha formulato una classificazione in sette categorie che è la seguente: - agricolo, residenziale, commerciale, industriale, trasporti, istituzioni e la settima (7th), che rappresenta altre categorie di usi del suolo.

TABELLA 2: SCHEMA DI CLASSIFICAZIONE USGS.

PRIMO LIVELLO	SECONDO LIVELLO	TERZO LIVELLO
Residenziale	Complesso residenziale, non residenziale, nuovo sviluppo	Complesso residenziale H/densità, Complesso residenziale M/densità, Complesso residenziale L/densità. N/comparto residenziale H/densità, N/comparto residenziale M/densità, N/comparto residenziale L/densità. Sviluppi urbani/N, riqualificazioni urbane.
Commerciale	Mercato aperto, supermercato, quartiere commerciale centrale e officina.	Mercati, negozi, corner shop, abitazioni commerciali, officine per veicoli.
Industriale	Industrie estrattive, industrie di trasformazione, industrie manifatturiere.	Industriale, N/sviluppo, riqualificazione industriale.
Trasporto	Strade/vie, ferrovie, porti, aeroporti.	
Utilità e servizi	Linea di trasporto dell'elettricità, stazione di servizio/gas e stazione radio o di telecomunicazione.	
Istituzione	Strutture scolastiche, prigioni, chiese, moschee, caserme, musei, stadi, parchi.	Municipio

(7) Sette che indicano gli altri: - (rocce nude, terreni di scarto, corpi idrici) ecc.

Pertanto, per affrontare il problema in questo studio, il ricercatore ha deciso di adottare la classificazione di Koladade, che non amplia la portata dello studio.

2.4 ANALISI DEL CAMBIAMENTO DEGLI USI DEL SUOLO

La comprensione dei cambiamenti nell'uso del suolo non si limita a considerare l'area totale di determinati usi del suolo che sono apparsi o scomparsi. Anche il cambiamento della struttura e le ragioni alla base di questo cambiamento sono importanti. È il quadro completo dei diversi elementi a fornire una visione dei cambiamenti nell'uso del suolo. L'analisi digitale dei cambiamenti di uso del suolo è un processo che aiuta a determinare i cambiamenti associati all'uso del suolo e alle sue proprietà con riferimento a dati di telerilevamento multitemporali. Aiuta a identificare i cambiamenti tra due (o più) date che non sono caratterizzati dalla normale variazione. L'analisi dei cambiamenti nell'uso del suolo è utile in molte applicazioni quali: Cambiamenti nell'uso del suolo, frammentazione degli habitat, tasso di deforestazione, espansione urbana, cambiamenti costieri e altri cambiamenti cumulativi attraverso tecniche di analisi spaziale e temporale come il GIS (Geographical Information System) e il telerilevamento insieme a tecniche di elaborazione di immagini digitali (Ramachandra & Uttam, 2004).

2.4.1 Metodologie di analisi del cambiamento.

I ricercatori impegnati negli studi di rilevamento dei cambiamenti utilizzando i dati delle immagini satellitari hanno concepito un'ampia gamma di metodologie per identificare i cambiamenti ambientali. Mas (1998) ha affermato che le procedure di rilevamento dei cambiamenti possono essere raggruppate sotto tre grandi voci, caratterizzate dalle procedure di trasformazione dei dati e dalle tecniche di analisi utilizzate per delimitare le aree di cambiamenti significativi:

- Miglioramento dell'immagine,
- Classificazione dei dati multidata e
- Confronto tra due classificazioni indipendenti dell'uso del suolo.

Tuttavia, la mappatura dell'uso del suolo è stata realizzata seguendo due approcci diversi che hanno prodotto in larga misura gli stessi risultati. I due approcci sono: -

- Indagine convenzionale sul campo e
- Telerilevamento e GIS

2.4.2 Modelli di analisi del cambiamento (rilevamenti)

Il dizionario inglese (2014) definisce un modello come una rappresentazione semplificata di un oggetto fisico, di solito in dimensioni, forma o scala ridotta, utilizzata per spiegare il funzionamento di un sistema o di eventi del mondo reale. I modelli di cambiamento dell'uso del suolo sono costruiti; sono anche strumenti utilizzati per supportare l'analisi delle cause e delle conseguenze dei cambiamenti dell'uso del suolo, al fine di comprendere meglio il funzionamento del sistema di uso del suolo e di supportare la pianificazione, la gestione e l'attuazione delle politiche di uso del suolo. I modelli sono utili per districare la complessa serie di forze socioeconomiche e biofisiche che influenzano il tasso e i modelli spaziali dei cambiamenti nell'uso del suolo e per stimare gli impatti dei cambiamenti nell'uso del suolo. Inoltre, i modelli possono supportare l'esplorazione di modelli futuri di uso del suolo e anche l'esplorazione dei futuri cambiamenti di uso del suolo in diversi scenari o condizioni. In poche parole, i modelli di uso del suolo sono strumenti utili e riproducibili, che integrano le nostre attuali capacità mentali di analizzare i cambiamenti di uso del suolo e di prendere decisioni più informate (Peter, 2004).

2.5 STUDI SULL'USO DEL SUOLO.

Dynamics of land use change in the Tropical Region di Lambin et al. (2003), evidenzia la complessità del cambiamento di uso del suolo e propone un quadro di riferimento per una comprensione più generale della questione, con particolare attenzione alle regioni tropicali. La rassegna riassume le stime recenti sui cambiamenti delle terre coltivate, dell'intensificazione agricola, delle deforestazioni tropicali, dell'espansione dei pascoli e dell'urbanizzazione e identifica i cambiamenti dell'uso del suolo ancora non misurati. È emerso che le modifiche della copertura del suolo determinate dal clima interagiscono con i cambiamenti dell'uso del suolo; inoltre, i cambiamenti dell'uso del suolo sono determinati da combinazioni sinergiche di fattori quali la scarsità di risorse che porta a un aumento della pressione sulle risorse, il cambiamento delle opportunità create dai mercati, gli interventi politici esterni, la perdita di capacità di adattamento e i cambiamenti nell'organizzazione sociale e negli atteggiamenti. Shlomo et al. (2005), Washington D.C., hanno esaminato le dinamiche dell'espansione urbana globale definendo un nuovo universo di 3.943 città con popolazione superiore a 100.000 abitanti ed estraendo da questo universo un campione globale stratificato di 120 città. Sono stati ottenuti e analizzati dati sulla popolazione e immagini satellitari per due periodi di tempo distanti un decennio, e sono state calcolate diverse misure dell'estensione e dell'espansione urbana, l'area edificata delle città e la densità media dell'area edificata. Nel rapporto sono stati presentati e analizzati

21

i dati relativi a 90 città sul campione globale di 120. Le medie ponderate dell'area edificata e della densità media, nonché le misure di compattezza e contiguità e la loro variazione nel tempo sono presentate per nove regioni, quattro gruppi di reddito e quattro gruppi di dimensioni di città che coprono l'intero globo. Le densità nelle città dei Paesi in via di sviluppo sono risultate circa tre volte superiori a quelle delle città dei Paesi industrializzati e le densità in tutte le regioni sono risultate in calo nel tempo. Se le densità medie continueranno a diminuire al tasso annuo dell'1,7%, come è avvenuto nell'ultimo decennio, l'area edificata delle città dei Paesi in via di sviluppo passerà da 200.000 km^2 nel 2000 a oltre 600.000 km^2 nel 2030, mentre la popolazione raddoppierà. Sono stati costruiti dieci modelli econometrici che cercavano di spiegare la variazione dell'estensione e dell'espansione urbana nell'universo delle città e sono state testate diverse ipotesi postulate dalle teorie neoclassiche della struttura spaziale urbana. Tutti i test hanno dato valori di R2 superiori a 0,80. Le implicazioni politiche dell'analisi sono presentate e discusse. Il messaggio centrale dello studio è abbastanza chiaro: le città dei Paesi in via di sviluppo dovrebbero elaborare piani realistici ma minimi per l'espansione urbana, designando aree adeguate per ospitare l'espansione prevista, investendo saggiamente in infrastrutture di base per servire questa espansione e proteggendo i terreni sensibili dall'incursione di nuovi sviluppi urbani. Opeyemi, (2006) nella sua ricerca ha esaminato il Change Detection on Land use and Land cover using Remote Sensing and GIS (un caso di studio di Ilorin e dintorni, nello Stato di Kwara) l'uso del telerilevamento e del GIS nella mappatura dell'uso del suolo.

La copertura del suolo a Ilorin tra il 1972 e il 2001 è stata studiata per rilevare i cambiamenti avvenuti nel suo stato in questo periodo. Successivamente, ha tentato una proiezione dell'uso e della copertura del suolo osservati nei successivi 14 anni. A tal fine, sono stati introdotti il Tasso di consumo del suolo e il Coefficiente di assorbimento del suolo per aiutare la valutazione quantitativa del cambiamento. Il risultato del lavoro mostra una rapida crescita del terreno edificato tra il 1972 e il 1986, mentre i periodi tra il 1986 e il 2001 hanno visto una riduzione di questa classe. È stato inoltre osservato che il cambiamento nel 2015 potrebbe seguire la tendenza del periodo 1986/2001. Alla fine del lavoro sono stati quindi avanzati suggerimenti su come utilizzare in modo ottimale le informazioni contenute.

Laka, (1994) nella sua ricerca ha esaminato i cambiamenti nell'uso del suolo nella città di Bukuru tra il 1976 e il 1992. Sono state utilizzate fotografie aeree e mappe tipografiche, oltre a strumenti come lo stereoscopio a specchio e lo stereoscopio manuale, per raccogliere informazioni sugli usi del suolo nell'area e per accertare i cambiamenti avvenuti nella città di Bukuru. Sono state utilizzate due serie di fotografie aeree, quella del 1976 e quella del 1992, con scale rispettivamente di 2:10.000 e 1:8000. Successivamente, a partire dalle fotografie aeree, ha riprodotto su carta trasparente le mappe di base per le classi di uso del suolo di ogni anno e ha proceduto a sovrapporre le mappe di base l'una sull'altra per produrre una mappa dei cambiamenti di uso del suolo per il periodo. I confini dell'area di studio sono stati mantenuti fissi a 14,9 km^2 per i due anni. I risultati e le scoperte mostrano che la percentuale di usi agricoli persi è stata progressivamente alta tra il 1976 e il 1992, rispettivamente con il 48,77% e il 33,44% rispetto a tutti gli altri usi, mentre le aree residenziali hanno sperimentato un'espansione di ben 3,7 volte la loro copertura iniziale nel 1976, da 95,45 a 359,8 ettari nel 1992. Tuttavia, il 1976 ha visto un aumento delle attività socio-economiche che spiega il calo del 15,34% nell'uso del suolo agricolo nel 1992. Sono stati quindi avanzati suggerimenti per limitare l'espansione di terreni residenziali su terreni fertili o incolti, in modo che tali terreni fertili possano essere conservati per scopi agricoli (cibo); dovrebbero essere costruite nuove strade e altre rinnovate e ampliate per favorire un corretto collegamento all'interno dell'area.

2.6 TECNICHE STATISTICHE

Il rilevamento dei cambiamenti è un'importante applicazione della tecnologia di telerilevamento. È una tecnologia che accerta i cambiamenti di caratteristiche specifiche in un certo intervallo di tempo. Fornisce la distribuzione spaziale delle caratteristiche, informazioni qualitative e quantitative sui cambiamenti delle caratteristiche. L'analisi quantitativa e l'identificazione delle caratteristiche e dei processi di cambiamento della superficie vengono effettuate a partire da diversi periodi di dati di telerilevamento. Si tratta del tipo, della distribuzione e della quantità dei cambiamenti, cioè dei tipi di superficie del suolo, dei cambiamenti di confine e delle tendenze prima e dopo i cambiamenti (Xu Lu, 2008).

L'individuazione e l'analisi dei cambiamenti nell'uso del suolo comporta l'applicazione di questi metodi e/o modelli di analisi che includono: la massima verosimiglianza, la distanza minima, la distanza di Mahalanobis, l'analisi dei vettori di cambiamento (CVA), il tasso di consumo del suolo e il coefficiente di assorbimento, i tassi annuali di cambiamento, l'analisi delle varianti (ANOVA) e il concetto di sistemi adattativi complessi e transizioni, tra gli altri.

- La massima verosimiglianza è uno dei metodi di classificazione supervisionata più utilizzati con i dati delle immagini di telerilevamento. Questo metodo si basa sulla probabilità che un pixel appartenga a una particolare classe. La teoria di base presuppone che queste probabilità siano uguali per tutte le classi e che la banda di ingresso abbia distribuzioni normali. Tuttavia, questo metodo richiede lunghi tempi di calcolo, si basa fortemente su una distribuzione normale dei dati in ogni banda di ingresso e tende a sovra-classificare le firme con valori relativamente grandi nella matrice di covarianza.

- Il metodo della distanza minima (distanza spettrale) calcola la distanza spettrale tra il vettore di misurazione del pixel candidato e il vettore medio di ogni firma e l'equazione per la classificazione in base alla distanza spettrale si basa sull'equazione della distanza euclidea. Richiede il minor tempo di calcolo tra gli altri metodi supervisionati, tuttavia i pixel che non dovrebbero essere non classificati diventano classificati e non considera la variabilità delle classi.

- La distanza di Mahalanobis è simile alla distanza minima, con la differenza che viene utilizzata la matrice covariante. A differenza della distanza minima, questo metodo tiene conto della variabilità delle classi. Potrebbe essere più utile della distanza minima nei casi in cui è necessario tenere conto di criteri statistici, ma non sono necessari i fattori di ponderazione disponibili con le opzioni di massima verosimiglianza. Tuttavia, questo metodo tende a sovra-classificare le firme con valori relativamente grandi nella matrice di covarianza.
- Inoltre, è più lento da calcolare rispetto alla distanza minima e si basa fortemente su una distribuzione normale dei dati in ogni banda di ingresso (Al-Ahmadi & Hames, 2008).
- Tassi di consumo del suolo.
- Tassi di variazione annuali.
- Anova (analisi delle varianti).

CAPITOLO TERZO
MATERIALI, METODI E ATTREZZATURE
3.1 INTRODUZIONE

La procedura adottata in questo lavoro di ricerca costituisce la base per ricavare statistiche sulle dinamiche di cambiamento dell'uso del suolo e sui risultati. Questa ricerca si è concentrata sulle misurazioni quantitative e qualitative dei cambiamenti nell'uso del suolo a Bukuru Jos-South L.G.A. Nello specifico, questo capitolo tratta i materiali e i metodi, gli strumenti per la raccolta dei dati (esigenze e fonti dei dati), la codifica, l'analisi e la presentazione. Il metodo impiegato per raggiungere l'obiettivo del progetto e gli scopi sono discussi in questo capitolo.

3.2 ESIGENZE DI DATI

Ai fini di questo studio, è necessario disporre di dati sotto forma di rapide immagini aviarie che coprano la città di Bukuru per il 2013; per generare il contesto spaziale e l'estensione dei vari usi del suolo sul campo per il 2015. Per lo studio è stata adottata la mappa dell'uso del suolo esistente del 1992, generata da Laka (1994). La verifica sul campo, con un questionario ben strutturato e l'acquisizione di dati di coordinate dal campo utilizzando un GPS (Global Positioning System) portatile, aiuterebbe a confermare l'accurato cambiamento e l'effettivo posizionamento degli attuali usi del suolo.

3.3 FONTI DI DATI

Fonti primarie: - sono fonti in cui i dati possono essere acquisiti direttamente dal ricercatore, tra cui: - l'osservazione diretta sul campo e la registrazione degli usi attuali del suolo e delle loro coordinate.

Fonti secondarie: - sono fonti in cui i dati vengono acquisiti o estratti dal ricercatore da documenti di letteratura esistenti, pubblicati o non pubblicati, e da fonti d'archivio come: - immagini e mappe satellitari quick bird, cambiamenti nell'uso del suolo nella città di Bukuru (Laka, 1994), rilevamento dei cambiamenti nell'uso/copertura del suolo a Lafia (Nuhu, 2012), rilevamento dei cambiamenti nell'uso/copertura del suolo utilizzando dati di telerilevamento e GIS a Ilorin (Opeyemi, 2006).

TABELLA 3 FONTI DEI DATI

S/N	TIPO DI DATI	DATA DI PRODUZIONE	SCALA	FONTE
1	MAPPA DELL'USO DEL TERRITORIO	1992	1:4.6500 (SCALA DI VISUALIZZAZIONE)	LAKA, 1994
2	TIRANTE IMMAGINE	2013	0.6 m	ARCHIVIO QUICKBIRD

N/A: Non applicabile

3.4 STRUMENTO PER LA RACCOLTA DEI DATI

a) Osservazione diretta sul campo e questionari ben strutturati per il 2015.

b) Il sistema di posizionamento geografico (GPS) sarà utilizzato per l'acquisizione dei dati delle coordinate geografiche e per la verifica del terreno dell'area.

c) Stampate immagini satellitari quick bird per il 2013 e generata la mappa dell'uso del suolo di Bukuru per il 1992.

3.5 SOFTWARE E HARDWARE UTILIZZATI

Fondamentalmente, l'hardware e il software utilizzati per questo progetto comprendono una combinazione dei seguenti elementi: -

- Hardware

1. HP. Pavilion (AMD Turion TL-58) con processore da 1,90 GHz, 1 Gigabyte di RAM e 500 Gigabyte di disco rigido. È stato utilizzato per la digitazione e l'elaborazione delle immagini

2. Unità flash da 512 Gigabyte per il trasferimento dei dati.

3. Disco rigido esterno da 500 Gigabyte per l'archiviazione dei dati

4. Modem Airtel utilizzato per accedere e navigare in Internet

- Software

1. Architectural Geographical Information System (ArcGIS 9.3) - È stato utilizzato per visualizzare, digitalizzare, elaborare e analizzare i dati geografici.

2. Per la presentazione di questa ricerca è stato utilizzato Microsoft Word.

3. Microsoft Excel - è stato utilizzato per calcolare le cifre (x, y, z), analizzare i dati, produrre tabelle e grafici a barre.

3.6 METODI DI ACQUISIZIONE DEI DATI

a) **Per il 1992**: - Ho adottato e scansionato una mappa dell'uso del suolo generata da Laka, 1994, per la città di Bukuru. Inoltre, ho convertito e georeferenziato la mappa in una mappa digitale prima di digitalizzare ogni uso del suolo nel mio software.

b) **Per il 2015**: - Ho utilizzato un'immagine satellitare disponibile del 2013 e sono andato a verificare l'area di studio, in modo da mappare i vari usi presenti per creare una base di dati attraverso la digitalizzazione.

- Ho delimitato manualmente l'estensione spaziale di ciascuna destinazione d'uso sull'immagine satellitare stampata e aggiornata sul campo; le destinazioni d'uso assenti su tali mappe insieme alle destinazioni d'uso miste (residenziale-commerciale, residenziale-agricolo, residenziale-istituzione e residenziale-abbandonato).

- Ho anche distribuito dei questionari durante l'osservazione dei vari usi sul campo.

3.7 USO DEL SUOLO ADOTTATO

Sulla base della conoscenza preliminare dell'area di studio, dell'indagine di ricognizione e dell'osservazione sul campo; con informazioni aggiuntive provenienti da precedenti lavori di ricerca sull'area di studio e dai questionari emessi per il 2015, è stato sviluppato uno schema di classificazione dell'area di studio secondo Anderson et al (1967). Lo schema di classificazione sviluppato fornisce una classificazione piuttosto ampia in cui gli usi del suolo sono stati identificati da singole cifre.

TABELLA 4 SCHEMA DI CLASSIFICAZIONE DELL'USO DEL SUOLO DELL'USGS
Adottato dopo Anderson, (1976)

Lo schema di classificazione riportato nella tabella 4 è una modifica di quello di Anderson del 1967. La definizione di usi misti al secondo livello, utilizzata in questo lavoro, indica gli usi residenziali-commerciali, residenziali-agricoli e residenziali-abbandonati a causa della crisi dell'area di studio.

CODICE	CATEGORIE DI USO DEL SUOLO	
	LIVELLO 1	**LIVELLO 2** (USI MISTI)
1	RESIDENZIALE	RESIDENZIALE-COMMERCIALE
2	COMMERCIALE	RESIDENZIALE-AGRICOLO
3	ISTITUZIONE	RESIDENZA-ISTITUZIONE
4	TRASPORTI	RESIDENZIALE-ABBANDONATO
5	INDUSTRIE	
6	AGRICOLTURA	
7	ALTRI(SPAZI APERTI-CORPI IDRICI)	

3.8 MODELLO CARTOGRAFICO

Il modello cartografico adottato in questo lavoro di ricerca costituisce la base per ricavare le statistiche del cambiamento di uso del suolo nei risultati complessivi.

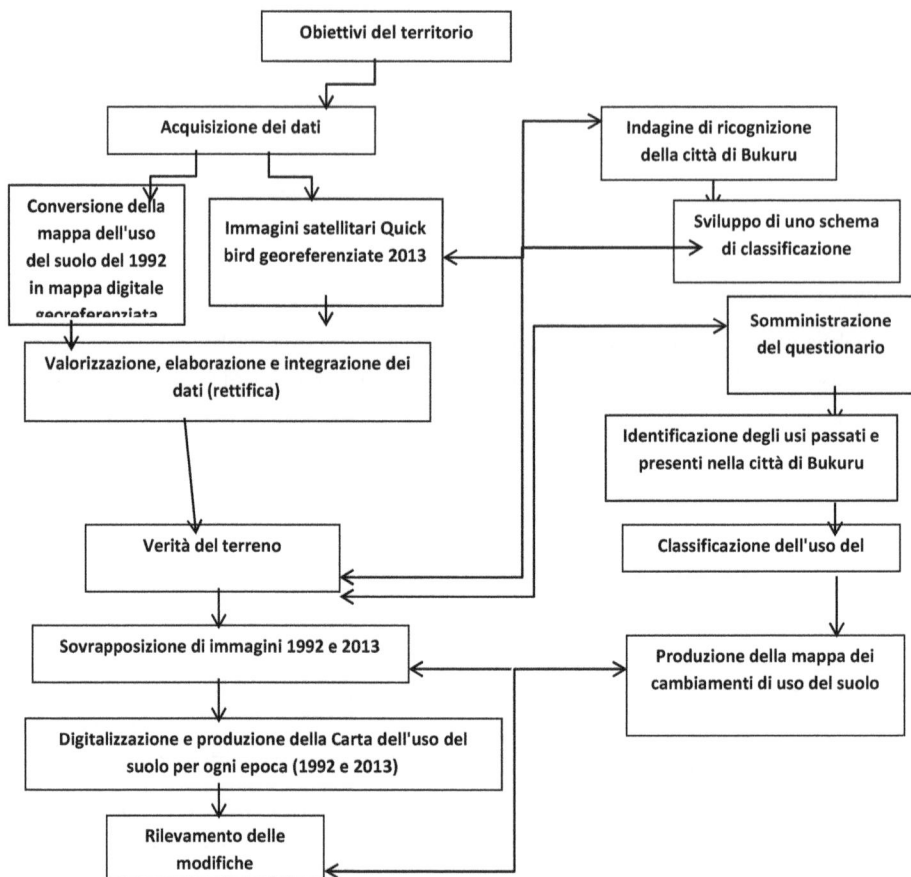

```
                    ┌─────────────────────────┐
                    │  Obiettivi del territorio │
                    └─────────────────────────┘
```

Acquisizione dei dati	Indagine di ricognizione della città di Bukuru
Conversione della mappa dell'uso del suolo del 1992 in mappa digitale georeferenziata	Immagini satellitari Quick bird georeferenziate 2013
	Sviluppo di uno schema di classificazione
Valorizzazione, elaborazione e integrazione dei dati (rettifica)	Somministrazione del questionario
	Identificazione degli usi passati e presenti nella città di Bukuru
Verità del terreno	Classificazione dell'uso del
Sovrapposizione di immagini 1992 e 2013	Produzione della mappa dei cambiamenti di uso del suolo
Digitalizzazione e produzione della Carta dell'uso del suolo per ogni epoca (1992 e 2013)	
Rilevamento delle modifiche	

FONTE: Herold et'al, (2005).

3.9 LIMITAZIONI DELLO STUDIO

Per determinare i tipi di uso del suolo e i loro cambiamenti nel tempo nell'area di studio, è stata utilizzata la mappa dell'uso del suolo del 1992 generata da Laka, 1994 e una rapida immagine satellitare del 2013. Tuttavia, sono stati riscontrati alcuni problemi, tra cui: -

Le immagini satellitari attuali necessarie per lo studio di secondo livello non erano prontamente disponibili. Di conseguenza, è stato difficile accertare quale fosse l'uso esatto di un appezzamento di terreno nel 2015, come osservato dalla mappa e dalle immagini satellitari del 2013. In questo stesso senso, c'era anche il problema di determinare quale casa fosse utilizzata per scopi residenziali o commerciali. È emerso anche il problema di presentare una nuova classificazione dell'uso del suolo, in quanto la verifica sul campo ha rivelato che la maggior parte degli appezzamenti residenziali era utilizzata per scopi multipli, mentre alcuni appezzamenti erano stati abbandonati a causa del cambiamento di stato dell'area di studio. Pertanto, gli usi attuali del suolo sono stati determinati attraverso osservazioni dirette sul campo (indagine di ricognizione), l'acquisizione di punti coordinati utilizzando un GPS (sistema di posizionamento geografico) portatile e questionari ben strutturati.

3.10 METODO DI PRESENTAZIONE E ANALISI DEI DATI

1. Digitalizzazione della mappa dell'uso del suolo convertito del 1992 e delle immagini satellitari del 2013.
2. Calcolo dell'area in metri quadrati e della percentuale del tipo di uso del suolo risultante per ogni anno di studio e successivo confronto dei risultati.
3. Calcolo del tasso di variazione dell'uso del suolo, del tasso di variazione annuale e della percentuale dal 1992 al 2015.
4. Tabelle, barre, grafici e layout di mappe.

3.10.1 Calcolo della variazione

Il confronto delle statistiche sui cambiamenti di destinazione d'uso dei terreni ha permesso di individuare la variazione percentuale e il tasso dal 1992 al 2015. A tal fine, è stata innanzitutto elaborata una tabella che mostra l'area in metri quadrati e la variazione percentuale per ogni anno misurata rispetto a ciascun tipo di uso del suolo.

$$(\text{tendenza}) \text{ Variazione percentuale} = \frac{\text{Observed change}}{\text{Sum of changes}} \times 100 \text{--------- equazione (1)}.$$

Per ottenere il tasso di variazione dell'uso del suolo e il tasso di variazione annuale dal 1992 al 2015, si utilizza la formula: - superficie totale cambiata divisa per la differenza tra gli anni (23 anni): -

$$\text{Tasso di variazione annuale} = \frac{\text{total land area changed}}{\text{difference between years}} \text{------------- equazione (2)}.$$

4.1 INTRODUZIONE

L'obiettivo di questo studio costituisce la base di tutte le analisi effettuate. Questa parte della ricerca ha lo scopo principale di fornire un resoconto conciso delle osservazioni effettuate durante il lavoro di ricerca; inoltre, presenterà i risultati e l'analisi sotto forma di mappe, grafici e tabelle statistiche che spiegano le diverse categorie di usi del suolo osservate durante il lavoro, tra cui: usi del suolo statici e modificati per le diverse epoche.

4.2 DISTRIBUZIONE DELL'USO DEL SUOLO

La Figura 4 mostra la distribuzione dell'uso del suolo nell'area di studio per il 1992, come adottato da Laka (1994). Sono state presentate sette (7) categorie di uso del suolo e la loro rispettiva copertura di area è stata rigenerata utilizzando il software Arc GIS 9.3. La distribuzione dell'uso del suolo per il 1992 è presentata nella Tabella 3.

TABELLA 3: DISTRIBUZIONE DELL'USO DEL TERRITORIO (1992 e 2015).

S/N	USI DEL TERRITORIO	Area 1992 (m)^2	2015 Area (m)^2
1	Agricoltura	54148.10	39726.44
2	Commerciale	2036.75	11533.69
3	Industrie	1418.94	6953.30
4	Istituzionale	1123.83	8040.63
5	Altri	20681.18	2490.43
6	Residenziale	21867.57	26760.03
7	Trasporto	114.55	677.74
8	Uso misto	0000.00	5208.88
	SUPERFICIE TOTALE	**101390.92**	**101391.13**

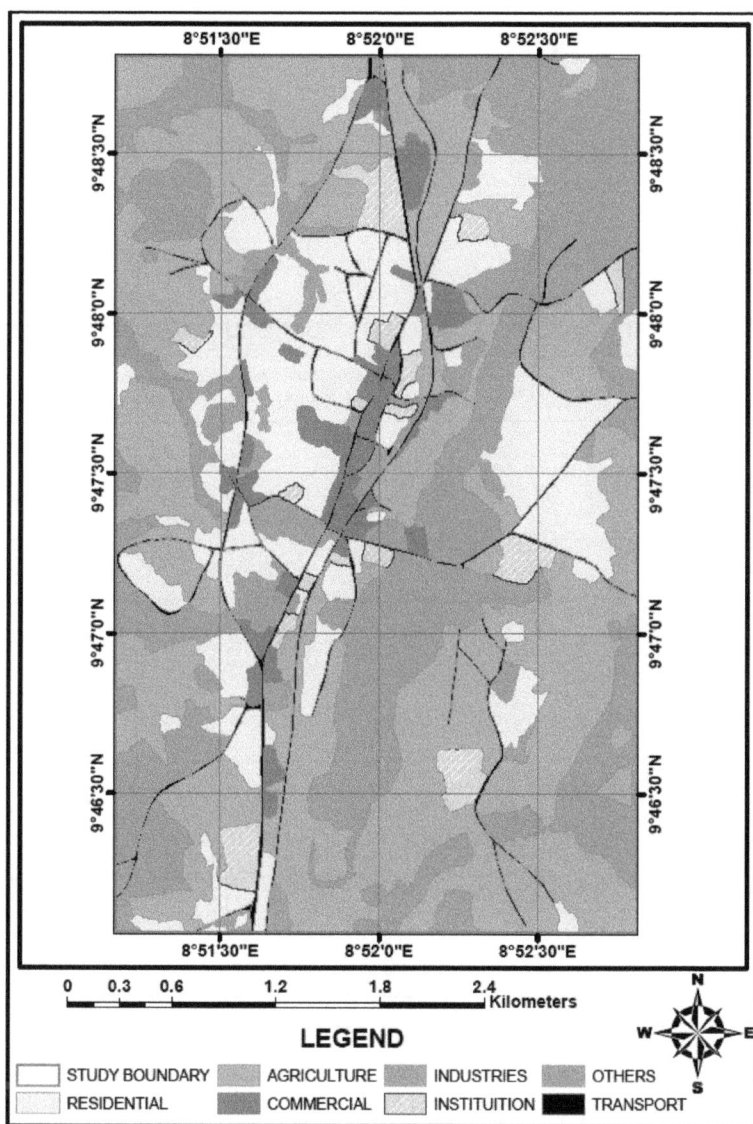

Adottato da LAKA (1994)

Figura 4: MAPPA DELL'USO DEL TERRITORIO DI BUKURU DEL 1992.

La Figura 5 presenta la mappa dell'uso del suolo della città di Bukuru per l'anno 2015. Per questo anno di studio sono state identificate otto (8) categorie di uso del suolo. L'ottava (8th) è una categoria di uso misto. La corrispondente copertura dell'area generata è presentata anche nella Tabella 3.

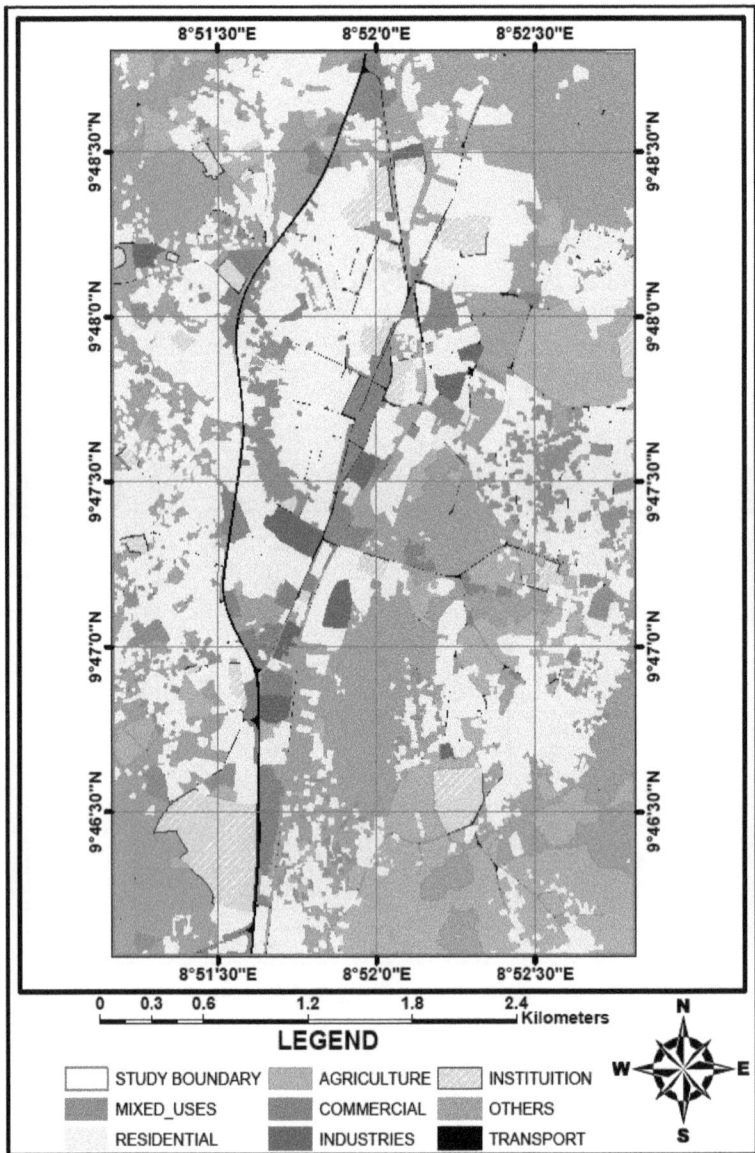

Fonte: Generato da immagini satellitari del 2013 e aggiornato sul campo

Figura 5: MAPPA DELL'USO DEL TERRITORIO 2015 DI BUKURU.

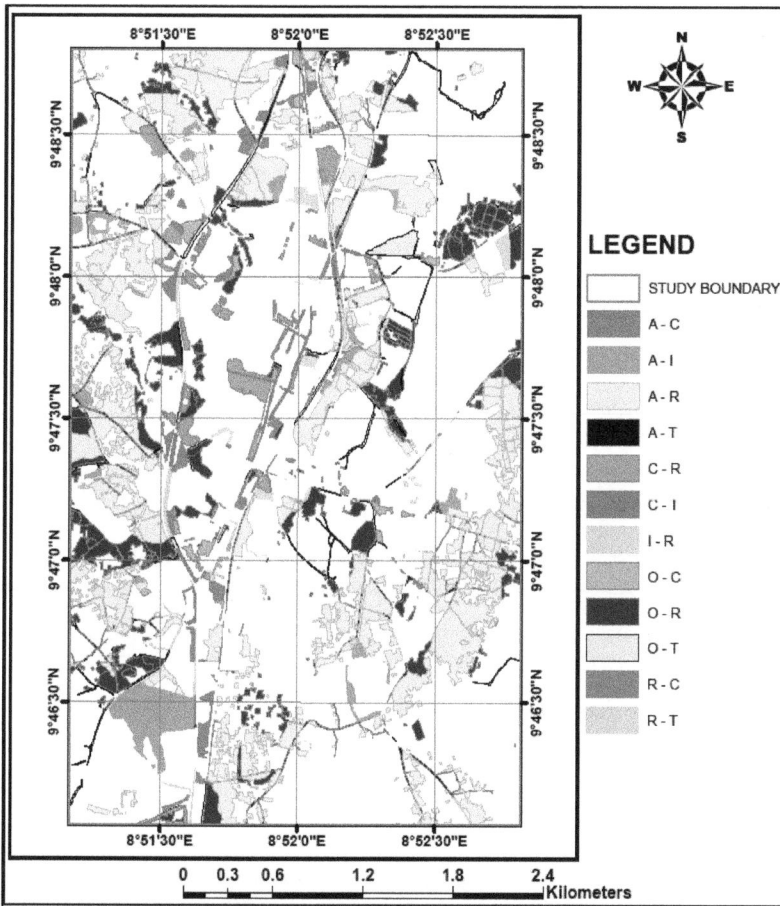

Fonte: Generato da immagini satellitari del 2013 e aggiornato sul campo

Figura 6: MAPPA DEI CAMBIAMENTI DI USO DEL TERRITORIO DI BUKURU TRA IL 1992 E IL 2015

4.3 ANALISI DEL CAMBIAMENTO DI USO DEL SUOLO

L'analisi condotta sulla tabella 3 per verificare quali usi del suolo sono cambiati nel corso degli anni di studio rivela cambiamenti negativi e positivi nel consumo di suolo (tabella 4). La copertura della superficie in percentuale (%), tracciata rispetto a ciascun anno di studio, rivela le tendenze mutevoli degli usi del suolo (Figura 6).

TABELLA 4: DISTRIBUZIONE DELL'USO DEL SUOLO E VARIAZIONE PERCENTUALE

S/N	CLASSI	1992 AREA (M)²	%	2015 AREA (M)²	%	2015 - 1992 (M)²	SUPERFICIE TOTALE CAMBIATA	% DI VARIAZIONE DELLA SUPERFICIE TOTALE	TASSO DI VARIAZIONE ANNUO
1	AGRICOLTURA	54148.10	53.41	39726.44	39.18	-14421.66	14421.66	-22	627.0
2	COMMERCIALE	2036.75	2.01	11533.69	11.38	9496.94	9496.94	15	412.9
3	INDUSTRIE	1418.94	1.40	6953.30	6.86	5534.36	5534.36	8	240.6
4	ISTITUZIONE	1123.83	1.11	8040.63	7.93	6916.80	6916.8	11	300.7
5	ALTRI	20681.18	20.40	2490.43	2.46	-18190.76	18190.76	-28	790.9
6	RESIDENZIALE	21867.57	21.57	26760.03	26.39	4892.46	4892.46	8	212.7
7	TRASPORTI	114.55	0.11	677.74	0.67	563.19	563.19	1	24.5
8	USI MISTI	0000.00	0.00	5208.88	5.14	5208.88	5208.88	8	226.5
	SUPERFICIE TOTALE	101390.92	100	101391.13	100	0.21	65,225.05	100	2835.9

DELL'USO DEL SUOLO 1992-2015

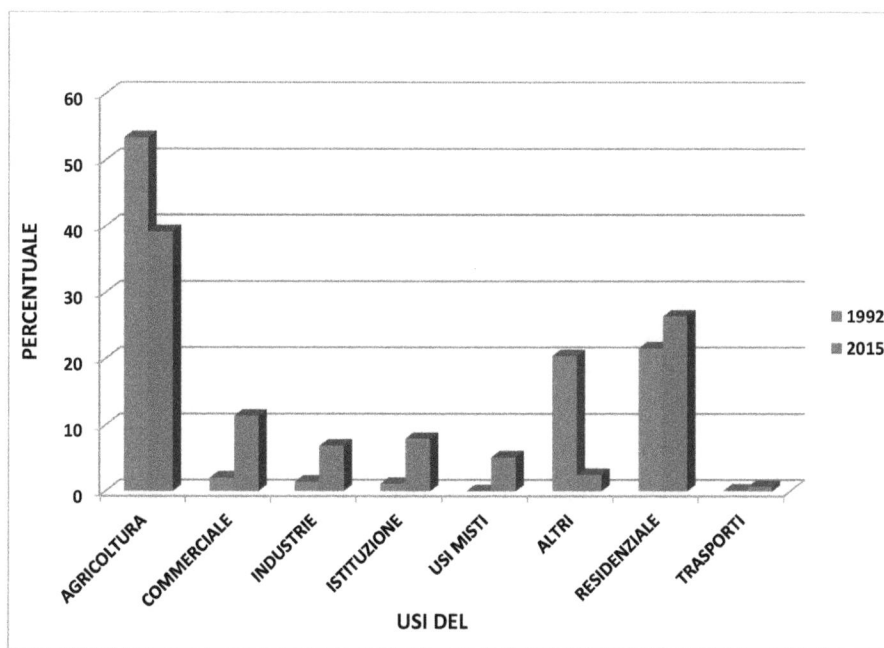

Figura 7: CATEGORIA DI USO DEL TERRITORIO 1992 e 2015 DELLA CITTA' DI BUKURU

La Tabella 4 presenta l'analisi dei cambiamenti negli usi del suolo tra i diversi anni di studio. La tabella 4 presenta l'analisi dei cambiamenti nell'uso del suolo tra i diversi anni di studio, da cui emerge che gli altri terreni (spazi aperti/colture/ corpi idrici) e i terreni agricoli sono quelli che perdono più terreno, mentre il residenziale è quello che ne guadagna di più (Fig. 8).

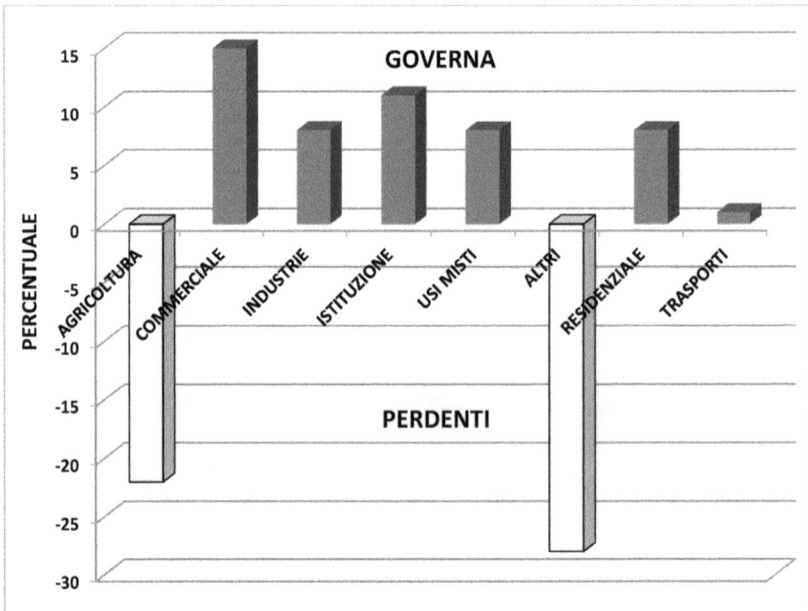

Figura 8: Variazione negativa e positiva del consumo di suolo (2015-1992)

4.4 USI MISTI

Dalla tabella 3, l'ottava categoria d'uso del suolo, quella degli usi misti, non era stata identificata nel 1992, ma è molto evidente nel 2015. Copre una superficie totale di 5208,88 metri quadrati. Le variazioni negli usi misti sono: residenziale abbandonato, residenziale agricolo, residenziale commerciale e residenziale istituzionale con una copertura di 555,61, 2564,13, 1506,36 e 582,77 metri quadrati rispettivamente.

TABELLA 5: PERCENTUALE DI DISTRIBUZIONE DEGLI USI MISTI NEL 2015

S/N	USI MISTI	AREA TOTALE 2015 (m)^2	%
1	Residenziale Abbandonato	555.61	10.67
2	Agricoltura residenziale	2564.13	49.23
3	Residenziale Commerciale	1506.36	28.92
4	Istituzione residenziale	582.77	11.19
	SUPERFICIE TOTALE	**5208.88**	**100**

4.5 SINTESI DEI DATI DEL QUESTIONARIO

4.5.1 Background educativo degli intervistati

I questionari sono stati somministrati a un totale di 120 intervistati nella città di Bukuru. La distribuzione degli intervistati in base al loro background educativo ha rivelato che 110 (91,7%) degli intervistati hanno un'istruzione formale, mentre 10 (8,3%) hanno un'istruzione informale, come mostrato nella (tabella 5).

TABELLA 5: BACKGROUND EDUCATIVO

Background educativo	No.	(%)
FORMALE	110	91.7%
INFORMALE	10	8.3%
TOTALE	**120**	**100%**

4.5.2 Gruppo etnico

Il gruppo etnico degli intervistati ha rivelato che 81 (67,5%) degli intervistati totali sono originari dello stato di studio (Plateau), mentre 39 (32,5%) hanno rivelato il contrario (tabella 6).

TABELLA 6: GRUPPO ETNICO (INDEGENITÀ)

ETNICITÀ	NO.	%
INDIGENI	81	67.5%
NON INDIGENI	39	32.5%
TOTALE	120	100%

4.5.3 Stato di proprietà

Un riepilogo delle domande poste sullo stato di proprietà ha rivelato nella tabella 7 che, su un totale di 120 intervistati, 25 (20,8%) erano proprietari delle proprietà a cui hanno risposto, mentre 95 (79,2%) non erano proprietari.

Tabella 7: PROPRIETÀ DEGLI IMMOBILI

STATO DI PROPRIETÀ	NO.	(%)
DI PROPRIETÀ PRIVATA	25	20.8%
NON DI PROPRIETÀ	95	79.2%
TOTALE	120	100%

4.5.4 Durata dell'occupazione

La durata dell'occupazione (tabella 8), ricavata dal questionario, ha rivelato che 15 (12,5%) degli intervistati hanno occupato le loro proprietà prima dell'anno 1992, 17 (14,2%) le hanno occupate tra gli anni 1992-2005 e 88 (73,3%) le hanno occupate tra gli anni 2005-2015.

TABELLA 8: DURATA DELL'OCCUPAZIONE DELL'IMMOBILE

DURATA	NO	(%)
PRIMA DEL 1992	15	12.5%
1992-2005	17	14.2%
2005-2013	88	73.3%
TOTALE	120	100%

4.5.5 Fattori responsabili dei cambiamenti di uso del suolo

Il questionario ha rivelato che i fattori responsabili dei cambiamenti nell'uso della terra includono: - Cambiamento della politica governativa sull'uso della terra, elevata domanda di categoria d'uso, cambiamento dello status della città di Bukuru e disponibilità di strutture come strade, acqua ed elettricità (Tabella 9).

TABELLA 9: FATTORI RESPONSABILI DEL CAMBIAMENTO

S/N	FATTORI RESPONSABILI	NO.
1	Cambiamento della politica governativa in materia di territorio/uso del suolo	4
2	Alta Domanda di categoria d'uso	15
3	Cambiamento dello status della città di Bukuru	9
4	Disponibilità di strutture come strade, acqua, elettricità, ecc.	15
5	Nessuna risposta	77
	TOTALE	120

4.5.6 Impatto del cambiamento

L'impatto del cambiamento del valore monetario sulla proprietà, come dedotto dal campo, è presentato nella tabella 10, con 113 (94,2%) degli intervistati che concordano su un aumento del valore, 2 (1,7%) su nessun valore, 5 (4,2%) degli intervistati che ritengono che l'impatto del cambiamento sia una diminuzione del valore.

TABELLA 10: IMPATTO DELLA VARIAZIONE DEL VALORE MONETARIO

S/N	IMPATTO DEL CAMBIAMENTO	No.	(%)
1	AUMENTO DEL VALORE	113	94.2%
2	VALORE DIMINUITO	5	4.2%
3	NESSUN IMPATTO	2	1.7%
	TOTALE	120	100%

4.6 TASSO DI VARIAZIONE DELL'USO DEL SUOLO

I tassi di variazione dell'uso del suolo sono stati calcolati sulla base dei dati della tabella 4, utilizzando la formula dell'equazione (2).

$$\text{Tasso di variazione annuale} = \frac{\text{total land area changed}}{\text{difference between years}} \quad \dots\dots\dots\dots 2$$

$$\text{Tasso di variazione annuale dal 1992-2015} = \frac{65,225.05}{23 years} = 2.835,9 mq/anno$$

Dal calcolo sopra riportato, è evidente che 2.835,9 metri quadrati di uso del suolo sono cambiati annualmente nel periodo di 23 anni (1992-2015) nella città di Bukuru.

CAPITOLO QUINTO
DISCUSSIONI, RACCOMANDAZIONI E CONCLUSIONI

In questo capitolo vengono discussi i risultati dell'analisi effettuata nel quarto capitolo. Sono stati formulati suggerimenti/raccomandazioni ed è stata tentata una sintesi della ricerca.

5.1 DISCUSSIONE

L'analisi spaziale degli usi del suolo tra le due epoche 1992-2015 ha rivelato che le aree agricole (39726,44 metri quadrati) e le altre (spazi aperti/colture/organismi idrici, 2490,43 metri quadrati) hanno perso terreno, rispettivamente con un -22% e un -28%. I guadagni in termini di copertura del suolo sono: - Commercio (15%), Industrie (8%), Istituzioni (11%), Residenziale (8%), Trasporti (1%) e usi misti (8%) che ora possiedono una proporzione di terra considerevole di 11533,69, 6953,30, 8040,63, 26760,03, 677,74 e 5208,88 metri quadrati rispettivamente; è stata progressivamente guadagnata o persa dall'agricoltura e da altri terreni disponibili (spazi aperti/colture/corpi idrici) nella regione nel periodo 1992-2015 (fig.8).La variazione percentuale nella proporzione delle varie parcelle di uso del suolo nei due periodi (1992-2015), mostra cambiamenti sia positivi che negativi. Gli usi commerciali, industriali, istituzionali, residenziali, di trasporto e misti sono cambiati positivamente, guadagnando una maggiore proporzione di terreno, mentre gli usi agricoli e gli altri usi (spazi aperti/outcourt/corpi idrici) sono cambiati negativamente, perdendo terreno a favore di altri usi a un ritmo molto rapido rispetto ai guadagni. Pertanto, le tendenze proporzionali del cambiamento per l'area sono rappresentate nella mappa del cambiamento di uso del suolo (fig. 6).

L'aumento significativo e rapido delle aree residenziali tra il 1992 e il 2015 può essere controllato dalla crescente pressione demografica nell'area (fig. 7), che a sua volta ha portato a un aumento delle attività fisiche ed economiche sui terreni disponibili per l'agricoltura e sui terreni liberi inutilizzati, ma molto probabilmente anche la disponibilità, lo sviluppo e la fornitura di strutture, tra cui strade di accesso, acqua, elettricità, istituzioni, banche e il cambiamento dello status della città di Bukuru a causa della crisi, potrebbero aver contribuito in qualche misura a tali cambiamenti: - strade di accesso, acqua, elettricità, istituzioni, banche e anche il cambiamento dello status della città di Bukuru a causa della crisi, potrebbero aver contribuito in qualche misura a questi cambiamenti. Così, la maggior parte dei terreni coltivati e altri terreni disponibili non utilizzati sono stati ora occupati da edifici fondamentalmente residenziali. L'espansione più recente della copertura dei terreni a scopo residenziale (fig. 5) è stata determinata dalla loro accessibilità alle reti di trasporto stradale. Ciò spiega l'espansione radiale delle aree residenziali dal centro della città verso la frangia settentrionale, meridionale, orientale e occidentale della principale strada di scorrimento all'interno della regione, dove le attività commerciali (CBD) tendono a essere dominanti (fig. 5). Il trend di crescita osservato nelle aree residenziali indica chiaramente che i terreni residenziali, inizialmente nati come insediamenti agricoli e vecchi campi minerari, si sono gradualmente espansi nel corso degli anni fino a rivendicare terreni agricoli di prima qualità e altri (spazi aperti, coltivazioni e corpi idrici) (fig. 6). Questa graduale espansione e le attività di sviluppo negli anni (1992-2015) sono aumentate e stanno ancora aumentando rapidamente fino a 1,46 volte la copertura iniziale nel 1992, passando da 21867,57 a 31968,91 metri quadrati nell'area totale del 2015. Su questa stessa linea, l'edilizia sta gradualmente soppiantando gli altri usi del suolo, in particolare le aree agricole e le altre (spazi aperti/terreni/corpi idrici). La massiccia diminuzione notata nelle altre categorie di usi del suolo, tra cui altri (spazi aperti/colture/corpi idrici) nel 2015, può essere il risultato della recente costruzione e dello sviluppo di strade di accesso tra gli anni 2008-2015 e di altre attività di sviluppo, tra cui edifici residenziali e commerciali.

Le aree commerciali nel 1992 erano fondamentalmente nuclearizzate nella porzione centrale della città, formando un distretto commerciale centrale (CBD). Con l'aumento della popolazione e delle attività commerciali, si verifica un aumento proporzionale del terreno necessario per il commercio e per gli scopi amministrativi, per cui questo aumento è stato pari a 5,66 volte il valore iniziale nel 1992, passando da una copertura del 2,01% all'11,38% del terreno; prima del 1992, il commercio nelle aree di mercato comprendeva: - vendita al dettaglio di prodotti agricoli e alimentari. Attualmente, l'area commerciale si estende a raggiera dal centro della città di Bukuru con molte estensioni e luoghi di mercato come il mercato di Gyel e l'emergere di altri centri commerciali tra cui: -negozi di forniture, officine meccaniche per la riparazione di veicoli, auto, moto, biciclette, riparazioni domestiche, ristoranti locali, ristoranti, hotel e parcheggi per autobus. Su questa stessa linea, l'aumento degli usi istituzionali all'interno della città di Bukuru ha registrato un cambiamento positivo, reclamando una maggiore proporzione di terreno con un aumento dell'1,11% del valore iniziale nel 1992 al 7,93% nel 2015; ciò può essere ricondotto al fatto che la città di Bukuru è stata utilizzata da molti per scopi residenziali; di conseguenza, è necessario fornire strutture istituzionali, tra cui: - principalmente scuole materne, scuole primarie e scuole secondarie. Progressivamente, con il passare degli anni, sono state aperte altre istituzioni terziarie e religiose, come gli Istituti Biblici Cristiani, oltre ai numerosi centri religiosi presenti nella città, come risultato della diversità confessionale della città e dello Stato nel suo complesso.

Le percentuali più basse, pari all'1,40% e al 6,86% rispettivamente per il 1992 e per il 2015, possono essere ricondotte a un leggero aumento degli usi industriali situati nella periferia della città, che non è inclusa nell'area di studio. Le poche industrie individuate possono essere ricondotte alla loro ubicazione già prima del 1992 e la loro copertura territoriale si è leggermente ampliata nel corso degli anni. Si tratta di industrie manifatturiere leggere o di fabbricazione, tra cui: -La NESCO (National Electricity Supply Company), la Mines Field Engineering Supply Company, la Thermal Generating Station e i depositi della Mobil in varie località della città.

I trasporti all'interno della città di Bukuru sono stati essenzialmente ferroviari e stradali e ancora oggi questi due sistemi di trasporto sono utilizzati efficacemente all'interno dell'area. Nei primi anni, il trasporto ferroviario è stato utilizzato attivamente per la movimentazione delle merci verso le industrie manifatturiere e per i pendolari che entravano e uscivano dalla città. In conclusione, nel 1992 la copertura proporzionale dei trasporti era pari allo 0,11% del territorio; si nota quindi un aumento positivo fino allo 0,67% nel 2015. Ciò è dovuto al fatto che sono state costruite nuove strade di accesso anche a discapito degli usi residenziali, commerciali, agricoli e di altro tipo.

Il tasso di cambiamento annuo ha rivelato che 627,0 metri quadrati di copertura di terreni agricoli sono passati annualmente ad altri usi in un periodo di 23 anni (1992-2015); anche i settori commerciale, industriale, istituzionale, altri (spazi aperti/colture/corpi idrici), residenziale, trasporti e usi misti sono cambiati con tassi di copertura di 412,9, 240,6, 300,7, 790,9, 212,7, 24,5, 226,5 metri quadrati rispettivamente (tabella 4).

Questa discussione conclude che le possibilità che altri terreni agricoli e altri (spazi aperti/colture/acque) vengano trasformati in abitazioni e altri scopi sono molto alte; di conseguenza, hanno grandi effetti dannosi sulle risorse agricole e su altri terreni disponibili nell'area. Tuttavia, un adeguato monitoraggio dei cambiamenti, la pianificazione e le giuste decisioni da parte delle autorità competenti potrebbero in larga misura salvare questi effetti, proteggendo i terreni agricoli di prima qualità dall'invasione.

L'analisi dell'uso del suolo, come emerso dal questionario, ha rivelato che la maggior parte degli intervistati ha un'istruzione formale (91,7%) e solo l'8,3% ha un'istruzione informale; tuttavia, tutte le attività di uso del suolo degli intervistati sono svolte indipendentemente dalla loro istruzione. Per quanto riguarda l'etnia, il (67,5%) degli intervistati è originario dello Stato di studio (Plateau), mentre il (32,5%) degli intervistati è risultato di altra nazionalità. Sulla stessa linea, lo stato di proprietà degli immobili ha rivelato che solo il (20,8%) degli immobili è di proprietà privata, mentre il (79,2%) è in affitto o in leasing. La durata dell'occupazione delle proprietà ha rivelato che (73,3%) sono di proprietà recente, cioè (dal 2005 al 2015), mentre (73,2%) sono in affitto o in leasing: - (dal 2005 al 2015), mentre il (14,2%) è stato occupato dal (1992-2005) e il (12,5%) è stato occupato prima del 1992.

I fattori responsabili del cambiamento di destinazione d'uso dei terreni hanno rivelato che nessuna ragione è stata in primo piano con 77 (64,2%), la disponibilità di strutture come strade, acqua ed elettricità con 15 (12,5%), l'elevata domanda di categoria d'uso con 15 (12,5%), il cambiamento dello status della città di Bukuru con 9 (7,5%) e anche il cambiamento della politica governativa in materia di terreni/uso del suolo con 4 (3,3%), sono stati responsabili dei cambiamenti di destinazione d'uso dei terreni.

Le risposte degli intervistati all'impatto del cambiamento sul valore delle loro proprietà in termini monetari hanno rivelato che la maggior parte (94,2%) ha avuto un aumento positivo del valore monetario delle rispettive proprietà, (1,7%) era indifferente, cioè non aveva alcun valore e (4,2%) aveva una diminuzione del valore monetario delle loro proprietà: -nessun valore e (4,2%) ha registrato una diminuzione del valore monetario delle proprie proprietà.

In generale, i modelli di cambiamento dell'uso del suolo nella città di Bukuru possono essere fortemente attribuiti alla disponibilità di strutture come strade, acqua ed elettricità, all'elevata domanda di categorie d'uso, al cambiamento dello status della città di Bukuru e anche all'aumento positivo del valore monetario delle proprietà.

5.2 IMPLICAZIONI DEL CAMBIAMENTO DEI MODELLI DI UTILIZZO DEL TERRITORIO

La tendenza e il modello di cambiamento riscontrabili nell'area indicano chiaramente una perdita di vegetazione naturale in misura molto elevata. Ciò, a quanto pare, può portare al degrado del territorio, all'erosione e persino a colpire direttamente i residenti dell'area, a causa della perdita di biodiversità, della riduzione dei terreni disponibili per le attività economiche e commerciali e per la produzione di cibo, nonché dell'alterazione del tasso di processi atmosferici per una vita sana.

I cambiamenti nell'uso del suolo, tuttavia, non hanno solo effetti negativi, ma anche impatti positivi; i loro effetti si concretizzano in un breve lasso di tempo e comprendono: - generazione di ricchezza, produzione continua di cibo e uso efficiente delle risorse.

5.3 RACCOMANDAZIONI

Oggi è risaputo che la città di Bukuru è la seconda città più grande di Jos, capitale dello Stato di Plateau, e deve far fronte alla crescente pressione demografica. È quindi necessario affrontare i cambiamenti nell'uso del suolo, anche se si infrangono l'uno con l'altro. Per questo motivo, il modello dei cambiamenti di uso del suolo analizzato e osservato in questo lavoro serve come segnale per la necessità di pianificare e monitorare i cambiamenti. Pertanto, per facilitare la pianificazione e il monitoraggio di tali cambiamenti, vengono formulate le seguenti raccomandazioni: -

- Che tutte le aree/utilizzi appropriati del territorio all'interno della città di Bukuru siano registrati in un database e che ad essi siano assegnati usi appropriati e specifici; per un corretto monitoraggio dei cambiamenti, anche se gli usi del territorio si infrangono l'un l'altro nel corso del tempo.

- Un maggior numero di aree all'interno della città dovrebbe essere riservato alle Infrastrutture Verdi Urbane (U.G.I.) o alle zone, che servirebbero come aree ricreative, zone turistiche e aiuterebbero anche a bilanciare il tasso di deflusso dell'acqua, mantenendo così la falda acquifera dell'area.

- Con la crescente pressione demografica e l'espansione urbana nell'area, i negozi dovrebbero essere situati in luoghi diversi per favorire le attività commerciali; ciò ridurrà anche il tasso di congestione all'interno del Central Business District (CBD).

- Che, man mano che vengono costruite altre strade di accesso, vengano predisposti drenaggi adeguati e ben incanalati per evitare rischi e pericoli di inondazioni nel corso del tempo.

5.4 SINTESI E CONCLUSIONI

Lo studio ha cercato di determinare i cambiamenti nell'uso del suolo nella città di Bukuru, Jos-South L.G.A, utilizzando dati di telerilevamento e tecniche GIS per l'elaborazione delle immagini, che hanno aiutato a mappare gli usi del suolo nelle rispettive categorie. In questa stessa ottica, i risultati hanno prodotto la copertura spaziale dei diversi tipi di uso del suolo presenti nell'area di studio, i cambiamenti nella copertura spaziale degli usi del suolo nel corso degli anni di studio e, infine, i tassi annuali di cambiamento per ciascun tipo di uso del suolo tra le epoche (1992-2015) rispettivamente.

RIFERIMENTI

Turner, B.L., et al., (2006). Relating Land Use Groups on Land use / Land Cover Changes, Stoccolma; Accademia Reale Svedese.

Peter H. V. (2004). Modellazione del cambiamento di uso del suolo: pratica attuale e priorità di ricerca. Geographic Journal, Paesi Bassi 61 p. 309.

James R. Anderson, Ernest E. Hardy, John T. Roach e Richard E. Witmer,

(2001) un Sistema di classificazione dell'uso e della copertura del suolo da utilizzare con

Dati dei sensori remoti.

John Wiley, (2011); Land Use/Land Cover Changes and Climate: Modellazione

Analisi ed evidenze osservative.

Laka, (1994) Cambiamenti nell'uso del suolo nella città di Bukuru, Jos-South L.G.A., dal 1975 al

1992.

Qihao Weng, (2001) Analisi del cambiamento d'uso del suolo nel Delta dello Zhujiang in Cina.

Utilizzando il telerilevamento satellitare, il GIS e la modellazione stocastica.

Barry Zondag; Judith Borsboom, (2009) Driving Forces of Land-Use Change.

Gitas I.Z., San Miguel Ayanz J., (2003) Rilevamento e mappatura del territorio.

Cambiamenti nell'uso/copertura del suolo (LULC) nella Valle del Giordano utilizzando il

sistema LANDSAT.

Immagini.

Riks BV, (2008). Valutazione e scenari del cambiamento dell'uso del suolo in Europa.

Arzu Erener e Hafize Sebnem Duzgun, (2009). Una metodologia per l'uso del suolo

Rilevamento dei cambiamenti nelle immagini panoramiche ad alta risoluzione basato

sull'analisi della texture.

Helen Braissoulis, (2013) Analisi del cambiamento dell'uso del suolo; teoria e modellazione.

Analisi.

Lambin, Eric. & Geist, Helmut. (2007) Cause dell'uso e della copertura del suolo

Cambiamento.

Osmond Vitez, (2009) Definizioni economiche dei quattro fattori di produzione.

Enciclopedia della Terra, (2010).

Web finance, dizionario inglese e commerciale, (2014).

Lester E. Brown, (2014) La terra come risorsa.

Anderson et al. (1976) Un sistema di classificazione dell'uso e della copertura del suolo da utilizzare

    con i dati dei sensori remoti. Documento professionale del Servizio geologico n. 964, Stati Uniti.

    Ufficio stampa del governo, Washington D.C. P.28.

Nuhu Hadiza, (2012) Land Use/ Cover Change Detection in Lafia 1987-2012.

FMH e UD, 2006, Workshop nazionale sulla documentazione e l'intestazione dei terreni.

    Procedure in Nigeria. Ministero federale dell'Edilizia abitativa e dello Sviluppo urbano

    Zona NW Kano, Nigeria.

Erle Ellis, (2010). Uso del suolo e cambiamento della copertura del suolo. L'enciclopedia di

    earth.http:/www.eoearth.org/article/Land-Use_and_Land-Cover_Change.

Coppin, P. e M. Bauer (1996).Rilevazione digitale del cambiamento negli ecosistemi forestali con

    Immagini da telerilevamento. Recensioni sul telerilevamento 13(3-4): 207-234)

Lambin .E .F. (2001). Le cause del cambiamento di uso e copertura del suolo: Andare oltre il mito.

    Cambiamento ambientale globale II. P 261-269.

Lambin E. F. et al (2003). Dinamiche del cambiamento dell'uso e della copertura del suolo nelle

    regioni tropicali. Annual reviews environment resource, 28:205-41.

Xu Lu e Zhang Shaoging (2008).Lo studio comparativo di tre metodi di rilevamento dei cambiamenti

    delle immagini da telerilevamento. I risultati interni della fotogrammetria, del

    telerilevamento e delle scienze dell'informazione territoriale. Vol. XXXVII. Parte B7, P.

    1595.

U.N.F.A.O. (2012).Organizzazione delle Nazioni Unite per l'alimentazione e l'agricoltura, online.

    Riviste.

Nigerian National Population Commission (2006).www.npc .gov.ng.com.

Deng, J., K. Wang, et al. (2008). Rilevamento e analisi del cambiamento di destinazione d'uso del suolo basato su PCA utilizzando dati satellitari multi temporali e multi sensore. International Journal of Remote Sensing 29(16): 4823-4838.

Coppin, P. & Bauer, M. 1996. Digital Change Detection in Forest Ecosystems with Remote Sensing Imagery; Remote Sensing Reviews. Vol. 13. p. 207-234.

Dimyati, et al. (1995). Un'analisi del cambiamento dell'uso e della copertura del suolo utilizzando la combinazione di MSS Landsat e mappa dell'uso del suolo - un caso di studio di Yogyakarta, Indonesia, International Journal of Remote Sensing 17(5): 931 - 944.

Daniel, et al, 2002 Un confronto tra l'uso del suolo e la rilevazione dei cambiamenti della copertura del suolo

_____Metodi. Conferenza annuale ASPRS-ACSM e XXII Congresso FIG pag.2.

QUESTIONARIO DI STUDIO

CAMBIAMENTI NELL'USO DEL SUOLO NELLA CITTÀ DI BUKURU, JOS-SOUTH L.G.A.

Sono uno studente del dipartimento di Geografia e Pianificazione dell'Università di Jos e sto svolgendo una ricerca sul tema "**Cambiamenti nell'uso del suolo nella città di Bukuru, Jos-South L.G.A**". Il presente questionario costituisce una parte fondamentale del mio lavoro di ricerca e ho umilmente bisogno che lei risponda nel modo più appropriato possibile. Le vostre risposte saranno trattate con la massima riservatezza e saranno utilizzate solo per scopi accademici. Vi ringrazio in anticipo per la vostra collaborazione.

INFORMAZIONI DI BASE SUI RISPONDENTI

1. BACKGROUND EDUCATIVO

   | Formal | | Informale |

2. GRUPPO ETNICO

3. ETÀ

INFORMAZIONI SULLA PROPRIETÀ

1. Siete proprietari di questa proprietà?

   | SÌ | | NO |

2. Da quanto tempo occupate questo immobile?

   | Prima del 1992 | | Dal 1992 al 2005 | | Dal 2005 al 2015 |

3. A cosa è adibito l'immobile? ☐

4. Per cosa è stato utilizzato nel 2005? ☐

5. Per cosa è stato utilizzato nel 2013? ☐

6. Se l'uso è cambiato, quando è avvenuto il cambiamento ☐

7. Cosa ha contribuito, secondo lei, al cambio di destinazione d'uso?

   (a)   Cambiamento della politica governativa in materia di territorio/uso del suolo.

   (b)   Elevata richiesta di categoria d'uso.

   (c)   Produttività di una particolare categoria d'uso.

   (d)   Cambiamento dello status della città di Bukuru.

   (e)   Aumento della popolazione.

   (f)   Sistema di proprietà fondiaria.

   (g)   Disponibilità di strutture come strade, acqua ed elettricità.

   (h)   Altro/i (☐

8. Qual è l'impatto del cambiamento sul valore dell'immobile in termini monetari?

Aumento del valore	Valore diminuito	Nessun impatto

Milton Keynes UK
Ingram Content Group UK Ltd.
UKHW030143051224
452010UK00001B/170